总策划：张建华

# 通辽地区玉米
# 绿色高效节水集成技术

于静辉　王宇飞　战海云　主编

中国农业科学技术出版社

**图书在版编目（CIP）数据**

通辽地区玉米绿色高效节水集成技术 / 于静辉，王宇飞，战海云主编 . -- 北京：中国农业科学技术出版社，2023. 1

ISBN 978-7-5116-6202-6

Ⅰ . ①通… Ⅱ . ①于… ②王… ③战… Ⅲ . ①玉米－高产栽培－无污染技术－通辽 Ⅳ . ① S513.048

中国国家版本馆 CIP 数据核字（2023）第 020561 号

**责任编辑** 徐定娜
**责任校对** 李向荣
**责任印制** 姜义伟 王思文

**出 版 者** 中国农业科学技术出版社
北京市中关村南大街 12 号 邮编：100081
**电 话** （010） 82105169 （编辑室） （010） 82109702 （发行部）
（010） 82109709 （读者服务部）
**网 址** https://castp.caas.cn
**经 销 者** 各地新华书店
**印 刷 者** 北京科信印刷有限公司
**开 本** 170 mm × 240 mm 1/16
**印 张** 6.25
**字 数** 123 千字
**版 次** 2023 年 1 月第 1 版 2023 年 1 月第 1 次印刷
**定 价** 38.00 元

# 《通辽地区玉米绿色高效节水集成技术》编委会

**总策划：** 张建华

**主　任：** 叶建全

**副主任：** 李健民　新吉勒图

**成　员：** 于静辉　包额尔敦嘎　刘伟春　李敬伟　刘春艳　张淑媛　冯玉涛　郝　宏　姜海超

**主　编：** 于静辉　王宇飞　战海云

**副主编：** 李晓娜　王景峰　李雪峰　姜　汇　徐晓雪　马乃娇　刘景龙

**编写人员（按姓氏笔画排序）：**

于静辉　马乃娇　王　磊　王先智　王兴海　王宇飞
王克如　王春雷　王晓东　王景峰　卢奕多　叶建全
田淑华　付　哲　白　昊　白航岩　包长春　包额尔敦嘎
冯　晔　冯玉涛　冯晓清　邢洋洋　吕　岩　刘伟春
刘春艳　刘彦廷　刘桂茹　刘景龙　安立伟　孙　磊
李　哲　李晓娜　李健民　李雪峰　李敬伟　杨柳青
张　石　张　洁　张　琦　张　婷　张志峰　张国强
张明阳　张淑媛　周文喜　郑　威　赵东华　郝　宏
战海云　姜　汇　姜海超　姚　影　姚振兴　徐晓雪
高丽辉　郭　蕙　郭欢欢　梁万琪　董佳蕊　新吉勒图
撖乐木格　潘天遵　薛永杰

# 前言

PREFACE

通辽市玉米总产量占内蒙古自治区的1/3，有“内蒙古粮仓”之称，全市70%以上的耕地种植玉米。当地光热资源丰富，玉米高产潜力大，但是水资源匮乏，玉米生产极度依赖地下水灌溉。十年来，玉米节水技术不断完善，目前浅埋滴灌技术已在全市应用600万亩以上。随着浅埋滴灌技术的推广，水肥精准管理逐步实现。以水肥一体化为核心的节水增产技术模式不断优化，为通辽市玉米单产和总产的提升增加了强劲动力。

为了促进农业可持续发展，保障粮食安全，加快玉米品种更新换代，通辽市农业技术推广中心和通辽市农牧科学研究所联合开展了“科技兴蒙”行动。2020年以来，通过“高产优质绿色玉米杂交种选育及高效节水集成技术研究与示范推广”项目在通辽的实施，课题组对玉米各生产环节关键技术进行了优化和集成，形成了集品种优化、地力提升、科学密植、水肥一体、精准管理、绿色防控、籽粒直收等多项关键技术为一体的玉米绿色高效节水集成技术。经过两年的示范推广，该项技术模式节本增效显著，示范区农牧民认可度极高，是一项轻简绿色增产实用技术。

为了加快玉米绿色高效节水集成技术在生产中的大面积应用，在继续挖掘通辽市玉米增产潜力的同时，进一步推进耕地保护、生态节水、肥药减量、生产方式转型，通辽市农业技术推广中心组织科技人员编写了《通辽地区玉米绿色高效节水集成技术》。该书阐述了通辽地区玉米生产存在的问题与解决对策，并从滴灌系统建立、备耕播种、田间管理、绿色防控、科学收储等方面详细介绍了玉米绿色高效节水集成技术要点与应用方法。内容突出实用性和可操作性，图文并茂、通俗易懂，既可供各级农业技术推广人员阅读参考，也能使具有一定经验的生产者一看就懂、一学就会。

由于编写时间紧迫，收集资料有限，书中不足之处望大家指正。该书在编写过程中得到了通辽市农牧科学研究所和各旗县区农业技术推广中心有关领导和专家的大力支持，在此一并表示感谢。

编　者

2022 年 12 月

# 目 录

CONTENTS

# 第一章

# 通辽地区玉米生产存在的问题与解决对策

## 第一节　玉米增产制约因素

通辽市位于世界“黄金玉米带”，地势平坦、土壤肥沃、光照充足、井灌条件好，光热水资源分布与玉米生育进程同步，具有实现玉米大面积高产的潜力和优势，素有“内蒙古粮仓”的美誉，是国家重要的商品粮基地。通辽玉米播种面积占耕地总播种面积70%以上，玉米年产量超160亿斤（1斤=500克），占全市粮食产量的75%以上，占内蒙古自治区玉米总产量的1/3。玉米产业是通辽市的支柱产业，单产水平高，产业链完整，但目前仍有诸多因素限制着通辽地区玉米产量持续提升及产业健康发展。

### 一、品种技术不匹配

“种地不选种，累死落个空”是农民常说的一句谚语，由此可见优良品种和高质量种子对产量提升的重要性。目前通辽地区玉米品种多乱杂，农民选种难，尤其是同时具备耐密、高产、优质、高抗、广适性强、脱水快、宜粒收等特点的品种凤毛麟角。随着密植水肥精准调控技术的不断推广，与高效绿色节水生产技术相匹配的玉米品种亟待更新换代。

### 二、耕地质量差

通辽市耕地土壤有机质平均含量约为15.1克/公斤，有机质含量处于中等偏下水平。虽然当地畜牧业比较发达，但受地域局限，农家肥使用占比不高。农民对构建合理耕层结构认识不清，主观意识不强，常年采用常规浅旋耕整地，无法打破“犁底层”，耕层障碍明显，玉米根系生长受阻。个别地区仍在使用膜下滴灌技术，地膜回收不彻底，导致白色污染，严重影响耕地质量和播种质量。

### 三、肥料管理粗放

目前通辽地区多数农民在玉米生产中过度依赖化肥使用，化肥施用过量现象比较普遍，且追肥时机不合理，不但产量提升不明显，且资源浪费严重。目前通辽地区近 2/3 的玉米种植地块仍以畦田漫灌方式灌溉，尚未实现水肥一体化分期追肥。畦田漫灌地块玉米追肥主要在拔节初期结合中耕一次性追施氮肥，这种“一炮轰”的追肥方式不但化肥利用率低，造成资源浪费，且易造成玉米拔节期徒长，抗倒伏能力变差，玉米生长后期易出现脱肥现象，影响产量。

### 四、群体密度低

大部分农户玉米生产 管理相对粗放，整地质量差、播种密度低、播种质量差、出苗不整齐，导致群体密度偏低，制约了单产提升。目前通辽地区常规农户模式玉米播种密度在 4 200～4 500 株 / 亩（1 亩≈666.67 平方米，1 公顷 =15 亩，全书同），实际收获的有效穗数大约每亩 4 000 穗，在合理耕层构建和精准调控水肥的基础上，仍有较大的增密空间。

### 五、籽粒直收技术应用面积小

受品种和机械的制约，目前通辽地区玉米籽粒直收技术应用面积仍然较小，一是宜粒收品种少，二是籽粒直收机械少，因此绝大部分玉米仍以机械穗收为主。果穗储存易受降雪等因素影响，引发霉变，影响品质和销售价格。随着规模化经营的推进，新型农业经营主体玉米生产面积不断扩大，集约化管理水平不断提升，机械化籽粒直收是必然趋势。

## 第二节　解决对策

玉米产业是通辽市的支柱产业，玉米种植是大部分通辽市农牧民的主要收入来源。只有解决好玉米生产中的各种问题，才能实现农民增产增收，才能实现通辽玉米产业的良性发展和可持续发展。

## 一、鉴选优良品种

各级农业部门要积极开展玉米新品种鉴选与示范展示，重点关注耐密、优质、高产、高抗、宜粒收等性状，为玉米绿色高效节水集成技术模式匹配适宜品种。通过示范展示，积极组织现场观摩，向广大农牧民普及科学选种用种知识，引导农牧民合理选购适宜品种。

## 二、合理构建耕层

合理构建耕层是保障玉米高产的关键。要大力推广秸秆还田、增施有机肥、深松深翻、免耕播种等地力提升关键技术，提升耕层土壤有机质含量，打破耕层障碍，提高土壤通透性，为玉米密植高产打下坚实基础。

## 三、科学施肥

通过采用增施有机肥、测土配方施肥、水肥一体化等技术，精细化管理肥料，实现科学施肥。同时要遵循玉米生长发育规律，按需分次追肥，提高肥料利用率，避免过量施肥和资源浪费。遵循“以地定产，以产定肥”的原则计算总需肥量，并以无膜浅埋滴灌技术为基础，玉米生育期内按照“前控、中促、后补”的原则分多次追肥。

## 四、合理密植

综合考虑品种特性、地力条件、管理水平等因素，在不改变行距的前提下，适当缩小株距，合理密植。春整地时要注意精细整地，提高整地质量，保障播种质量，实现“苗全、苗齐、苗壮”，提高单位面积有效果穗数。

## 五、推广籽粒直收技术

农技推广部门持续开展宜粒收玉米品种鉴选和示范，促进宜粒收品种更新换代，鼓励规模化经营的新型农业经营主体和种植大户选用玉米籽粒直收机，推进穗收向粒收转变的进程。通过粒收测产调查等方式，明确收割机行进速度、割台高度等技术指标与破损率、掉穗率等之间的关系，形成技术规范，指导生产者科学使用玉米籽粒直收机。

# 第二章 ●●●

# 玉米绿色高效节水集成技术概述

# 第一节 技术概述

通辽地区玉米绿色高效节水集成技术是一套将多项玉米生产关键技术有机融合并集成的技术模式。该技术模式以无膜浅埋滴灌技术为核心，优化并集成了地力提升、高密度栽培、水肥精准管理、化控调节、绿色综合防控、机械粒收等技术，是一项有利于生态环保和可持续发展的实用技术（图 2-1、图 2-2）。

图 2-1 玉米绿色高效节水集成技术出苗

图 2-2 玉米绿色高效节水集成技术灌浆

自 2014 年起，通辽地区玉米无膜浅埋滴灌技术开始大面积推广，水肥一体化技术逐步被广大农牧民认可，2020 年在通辽地区应用面积已超过 500 万亩。近年来随着水肥一体化技术的不断优化，水肥利用效率大大提升，玉米种植密度也逐渐加大。为了降低玉米倒伏风险，进一步推广合理密植，通辽市农业技术推广中心连续多年开展玉米化控防倒技术试验与示范，形成了一套成熟的化学调控技术。同时，为了农业可持续发展，通辽市农业技术推广中心还开展了地力提升、农药减量、绿色防控等技术试验示范，并将多项技术成果与玉米浅埋滴灌技术有机融合，最终形成玉米绿色高效节水集成技术。

2020 年，内蒙古自治区“科技兴蒙”行动重点专项“高产优质绿色玉米杂交种选育及高效节水集成技术研究与示范推广”项目在通辽实施，通辽市农业技术推广中心（原通辽市农业技术推广站）作为项目参与单位落实了项目子课题“玉米新品种及绿色高效集成技术示范与推广”。项目实施期间，玉米绿色高效节水集成技术得到了大面积推广示范，截至 2022 年，已在全市建设玉米绿色高效节水集成技术核心区 600 亩、示范区 1 万亩、辐射区 10 万亩。

## 第二节　技术优势

玉米绿色高效节水集成技术优化集成了多项关键技术，增产增效显著，技术优势明显，可归纳为“五省四减三增两促进”。

### 一、五　省

**1. 省　水**

通辽地区的平原灌区玉米生育期内，农户常规畦田漫灌模式采用低压管灌每亩需灌溉水 240～300 立方米，亩均用水量 280 立方米左右；绿色高效节水集成技术模式下每亩需灌溉水 150～200 立方米，亩均用水量 180 立方米左右，与低压管灌相比，每亩可节水 100 立方米，节水 36%。

**2. 省　电**

以水泵 5039 为例计算，农户模式采用低压管灌每亩灌溉水 280 立方米用时 5.6 小时，用电 51.52 千瓦时；绿色高效节水集成技术模式下灌溉 180 立方米水用时 3.6 小时，用电 33.12 千瓦时，与低压管灌相比，可省电 36%。

**3. 省　时**

农户常规模式低压管灌每亩每次灌溉用时约 1.5 小时，绿色高效节水集成技术模式每亩每次灌溉用时约 0.8 小时，比管灌每亩每次节省灌溉时长 47%。

**4. 省　地**

农户模式低压管灌 4 米畦田需筑畦埂 0.3 米宽，节水高效绿色生产技术模式采用宽窄行浅埋滴灌种植无须筑畦埂，省地 8%。

**5. 省　工**

农户常规模式低压管灌平均每亩灌溉用工约 0.3 个，绿色高效节水集成技术模式灌溉及连接滴灌带每亩用工约 0.2 个，省工 33%。

## 二、四　减

### 1. 减　肥

采用水肥一体化技术实现精准施肥，提高化肥利用率 10～15 个百分点，减少了资源浪费。

### 2. 减　药

玉米绿色高效节水集成技术模式采用标准化种植，实现精准用药、定向施药；宽窄行种植模式增加通风、透光，降低病虫害发生。

### 3. 减　膜

与膜下滴灌相比，亩均减少地膜用量 3.5 公斤。

### 4. 减成本

通过井电双控、药肥双节，提高了效率，实现了节本增效。

## 三、三　增

与农户常规模式相比，绿色高效节水集成技术模式亩均增产 100 公斤以上、亩均增收 140 元以上；通过合理化控调节，大大增加了玉米抗倒伏能力。

## 四、两促进

玉米绿色高效节水集成技术模式的应用，促进了适度规模经营和农业生态环境的改善，促进了农业综合效益的提升，是一项可持续发展的环保型现代化农业实用技术。

# 第三章

# 玉米绿色高效节水集成技术流程

# 第一节　井电配套

## 一、新建工程

对于新建高标准农田工程，以平原区为主，兼顾沙沼区和山地丘陵区的特点，根据不同生态区域的地形特点和土壤类型及水源条件来进行井和电的合理配置。对于原有低压管灌工程改浅埋滴灌则应考虑原有井出水量、泵型、电力配套等是否能满足浅埋滴灌中井电配套要求。按不同生态区域的地形特点和土壤类型及水源条件分为以下几种情况。

### （一）平原区

**1. 平原区井型**

通辽市平原区农田灌溉井深一般在 80 米左右。例如，科尔沁区和开鲁县目前井深达到 80 米，科尔沁左翼中旗和科尔沁左翼后旗水位相对浅的地区水源井深度可以适当减小，60～80 米为宜。井管类型均为砼管，井内径 300 毫米，外径 400 毫米，每米造价 150～200 元。

**2. 平原区泵型**

通辽市平原区单井出水量平均在每小时 50～100 立方米，根据调查，通辽地区的单井控制面积平均在 120 亩左右，地下水动水位埋深在 12～15 米。平原区水泵配套适合类型有以下几种。

（1）单井控制面积在 200 亩左右，单井涌水量每小时 80 立方米以上，适合选择 200QJ80-44/4（15 千瓦）的泵型。每个轮灌组控制面积在 15 亩左右，每个轮灌组一次灌水持续时间为 4～5 小时。

（2）单井控制面积在 150 亩左右，单井涌水量每小时 65 立方米以上，适合选择 200QJ63-36/3（11 千瓦）或 200QJ63-48/4（15 千瓦）的泵型。每个轮灌组控制面积在 12 亩左右，每个轮灌组一次灌水持续时间为 4～5 小时。

（3）单井控制面积在 120 亩左右，单井涌水量每小时 50 立方米以上，适合选择 200QJ50-39/3（9.2 千瓦）或 200QJ50-52/4（11 千瓦）的泵型。每个轮灌组控制面积在 10 亩左右，每个轮灌组一次灌水持续时间为 4～5 小时。

### （二）沙沼区和山地丘陵区

#### 1. 沙沼区和山地丘陵区井型

沙沼区井型可参照平原区井型设计。山地丘陵区井型根据土质类型，非石质山区井型与平原区和沙沼区相同。石质山区一般采用钢管井，井管为直径 φ325 或 φ273 的钢管，井深不一，应根据当地含水层厚度和已成井的岩性柱状图确定。

#### 2. 沙沼区和山地丘陵区泵型

沙沼区单井出水量平均在每小时 50～60 立方米，地下水动水位埋深在 15 米左右。所以沙区水泵配套类型是适合单井控制面积在 120 亩左右，单井涌水量每小时 50 立方米以上，适合选择 200QJ50-39/3（9.2 千瓦）或 200QJ50-52/4（11 千瓦）的泵型。每个轮灌组控制面积在 10 亩左右。

山地丘陵区单井出水量平均在每小时 20～40 立方米，地下水动水位埋深变幅较大，在 25～60 米。所以山地丘陵区水泵配套类型是适合单井控制面积在 100 亩左右，单井涌水量每小时 20 立方米以上，适合选择水泵出水量为每小时 20 立方米的泵型，如 200QJ20-45/3（4 千瓦），200QJ20-54/4（5.5 千瓦），200QJ20-67/5（7.5 千瓦），200QJ20-81/6（7.5 千瓦），200QJ20-94/7（11 千瓦），200QJ20-108/8（11 千瓦）；单井涌水量每小时 40 立方米以上，适合选择水泵出水量为每小时 32 立方米或 40 立方米的泵型，如 200QJ32-（52-104）/（4-8）（7.5～15 千瓦）和 200QJ40-（39-117）/（3-9）（7.5～22 千瓦）。

水泵扬程根据地下水动水位埋深和地面高差、管道水头损失及首部系统工作压力及滴灌带工作压力进行确定。每个轮灌组控制面积在 4 亩左右，每个轮灌组一次灌水持续时间为 4～5 小时。

## 二、改建工程

### （一）机泵改造

针对原有低压管灌工程改造提升为滴灌工程，应根据原有工程泵型及变压器和低压配电情况，统筹考虑是否符合改建为浅埋滴灌的要求，首先看原有泵的扬程是否能满足浅埋滴灌系统的压力需求。如低压管灌原有泵型为200QJ80-22/2（7.5千瓦），则扬程不满足滴灌系统压力（平原区不小于0.4兆帕）的需求，需要重新更换水泵，更换水泵类型为200QJ80-44/4（15千瓦）、200QJ50-39/3（9.2千瓦）或200QJ63-36/3（11千瓦）等，扬程满足滴灌系统压力需求方可。

### （二）电力配套

（1）对于改建工程，若改造更换后的水泵总功率不增加，则原有变压器可满足供电要求。

（2）如果更换水泵的功率大于原有水泵，则需校核变压器的额定功率是否还能满足供电要求（一般来说变压器额定功率的60%～70%为所承担的水泵功率之和）。若变压器不能满足供电要求，则需要增容。

（3）若更换水泵后，所需总功率大于变压器额定功率的60%～70%时，可通过压减机电井来满足改造后的供电需求。

## 第二节　管路铺设

### 一、管网布置形式

根据水源位置和地形条件，管网布置形式一般有“王”字形、“T”字形、“干”字形、“工”字形等。

### 二、管网布置方法

由于通辽地区大多数地块相对规整，因此常见的布置形式为“王”字形和“工”字形，下面就以“王”字形布置为例做以介绍。

“王”字形（图3-1）布置各级管道应相互垂直，以使管道最短而控制面积最大。即：滴灌带（ф16，即外径为16毫米，下同）垂直于支管，支管（ф63、ф90）垂直于分干管（ф110、ф140、ф160），分干管垂直于干管（ф110、

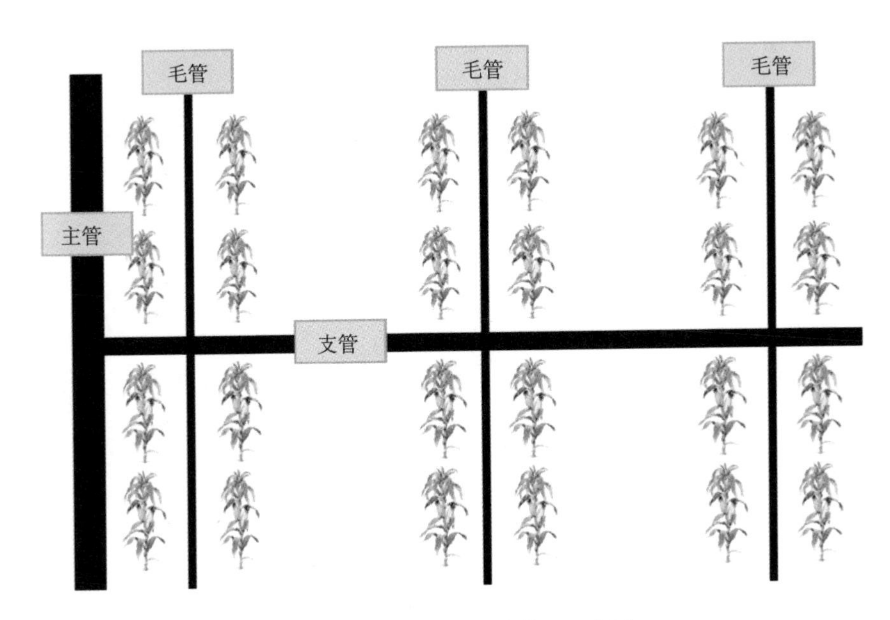


图 3-1　“王”字形管路铺设示意图

ϕ140、ϕ160），面积较小的地块可无分干管，即支管直接垂直于干管。含有分干管，分干管与干管一般情况下需要地埋，滴灌带必须与垄向平行，同时尽量对称。

支管一般为双行布置，分干管上出水口间距 100～120 米，支管长度 25～50 米，一般可接 20～42 条滴灌带，滴灌带与支管交接后双向工作长度 100～130 米，单向工作长度宜为 50～65 米，末端截断打结。

## 三、原有的低压管灌地埋管道改造为浅埋滴灌管道的要求

若在原有低压管灌地埋管道基础上改造为浅埋滴灌，增加管道和出水栓，管径与原有管径相同，管材尽量相同，保证改造后的管道亩均占有量不低于 6 米。改造后各出水口给水栓两侧需改造为 ϕ140-63 或 ϕ140-90 接口，以便于连接地面支管。

输水管道改造完需要进行压力检测，承压需达到 0.4 兆帕，具体方法是关闭单井控制的所有出水栓，出水压力达到 0.4 兆帕时打开最末端出水栓，如果出水栓正常出水，说明原有管道压力满足要求。

地埋干管和分干管应选择塑料管材，有聚丙烯、聚乙烯、聚氯乙烯三种，管

材的压力根据系统所需水头的大小确定。地面支管和滴灌带选择聚乙烯管。

## 四、划分轮灌组的原则

各轮灌组单次灌水控制面积应尽可能相等或相近，以使水泵工作稳定，效益提高。根据通辽地区井泵条件，每个轮灌组控制面积约为 10～25 亩，生产中大多数以 20 亩为一个轮灌组。

轮灌组的划分要照顾到农业生产责任制和便于田间管理的要求。为便于运行操作管理，一个轮灌组管辖的范围宜集中连片，轮灌顺序可自下而上或自上而下进行。若干管流量过大，则采用交错操作的方法划分轮灌组。

## 五、轮灌组划分方法

根据水泵出水量，干、支管所承担流量大小，控制阀门数量和干、支管打开的数量，压力流量应平均分配，使系统工作压力均衡，产生的运行费用相对较小，灌水均匀度高，利于系统工作。

对于低压管灌改造的浅埋滴灌工程，轮灌组的划分可通过试开（控制阀门开启数量）的方法确定轮灌面积大小，具体操作如下：在滴灌带首端安装压力表，然后打开最远端出水口（支管）阀门，开启水泵，观察末端滴灌带滴水是否正常，依次开启中间的阀门，观察滴灌带首端压力表读数，如果在 0.05～0.25 兆帕且末端滴灌带滴水正常，即可把这个区域作为一个轮灌组。

## 六、轮灌方式

支管轮灌。主管道埋于地下，支管（通辽地区一般采用 ϕ63 或 ϕ90 支管）和滴灌带（ϕ16）铺于地面。一般是将支管分成若干组，每次只开启两条或三条支管。如水泵出水量每小时 50 立方米，则开启 2 条支管，15 个轮灌组；水泵出水量每小时 63 立方米，则开启 3 条支管，14 个轮灌组。

# 第三节　品种选择

## 一、品种选择

选择适宜品种，是保障高产稳产的前提。在选择品种和购买种子时，要注意以下几点。

一是到经营场所固定、证照齐全、信誉较好的正规门店选购种子。不要从走街串户的流动商贩处购买种子，也不建议通过网络购买，不要跨区域购买种子。

二是仔细查看种子包装袋标签，重点关注审定号、质量指标、适宜区域、特征特性、风险提示、质量保质期等信息。不要选择散装无标签标识的种子，不要购买标签标注不清楚、内容不完整的种子。

三是看品种审定编号，要选择通过国家或内蒙古自治区审定，或有内蒙古自治区引种备案的品种。不要购买未审定品种，对审定年代较早、名称生疏的品种要慎重选择。

四是看生育期和积温要求。选择生育期和积温要求与当地熟期相匹配的品种，从而充分发挥光热资源优势和品种特性。

五是看品种特征特性及栽培要点。在玉米绿色高效节水集成技术模式下，要选择植株紧凑型或半紧凑型的品种，选择适宜密度在 4 500 株 / 亩以上的品种。

六是看抗性。选择高抗品种，尤其是对于当地常发生的病害（如：茎基腐病、大斑病、小斑病等）一定要达到抗或者高抗。关于品种抗性可查阅种子包装袋标签，或登录“中国种子协会”网，按品种审定号查询审定公告中的接种鉴定。

七是看种子质量。要符合国家玉米单粒播种质量标准，纯度≥97%、净度≥99%、芽率≥93%、水分≤13%。若玉米籽粒用于淀粉深加工，要选择高淀粉玉米品种，粗淀粉含量≥74%；若用于全株青贮或者饲料加工，要选择高蛋白玉米品种，粗蛋白含量≥8%。

## 二、种子处理

购买经过精选、分级和包衣的种子。如购买了未经包衣处理的种子，则应在播种前进行选种、晒种和包衣等种子处理。采购种子时看清包衣剂有效成分及含量，若自家地下害虫发生严重，建议根据虫害情况有针对性地选择包衣剂或者二次药剂拌种。

### （一）选　种

选择籽粒饱满、大小均匀、颜色一致的种子，去除病斑粒、发霉粒、虫蛀粒、破损粒、颜色差异明显、过大、过小的籽粒和杂质。

### （二）晒　种

播种前一周左右选晴天将种子摊在干燥向阳的平地上，均匀摊开，晒种2～3天，每天勤翻动，使种子受光均匀。白天晾晒，傍晚收回，防止种子受冻受潮。通过晒种后种子内部酶活性增强，可提高种子发芽率，且阳光照射可以杀死种皮携带的部分病原菌，减轻丝黑穗病等为害。

### （三）包　衣

#### 1. 包衣剂选择

根据田间病虫害常年发生情况，明确防治对象（如蝼蛄、蛴螬、金针虫、地老虎等），有针对性地选择正规厂商生产的包衣剂（含：克百威、丁硫克百威、吡虫啉、高效氯氰菊酯、辛硫磷、毒死蜱等），根据有效成分含量确定用药量。不提倡直接购买杀虫剂或杀菌剂进行简单包衣，以免造成药害，降低种子活性。

#### 2. 包衣方法

尽量选用专用种子包衣机，也可将适量种子和包衣剂按比例加入厚实塑料袋中，扎紧袋口摇匀，放在阴凉处阴干即可。

#### 3. 注意事项

一是包衣要在晒种后进行；二是包衣时要背风、背光操作，包完种衣剂后不要放在阳光下暴晒，要阴干，防止种衣剂光解失效；三是包衣时种脐一定要包严，否则起不到较好的防治效果；四是操作人员要做好防护措施，戴好口罩、手套等，以免造成人员伤害。

# 第四节　春整地

## 一、增施有机肥

种养结合地区应该充分利用牛粪、羊粪或猪牛羊粪混合沤制农家肥。粪肥必须充分腐熟后才可以施入农田，否则易发生地老虎、蛴螬、蝼蛄等地下害虫为害，造成不必要的损失。春季结合整地，每亩施入腐熟农家肥 3～6 立方米（图 3-2）。也可以根据实际情况，选购适合的商品有机肥，整地前均匀抛洒于地表（图 3-3）。

图 3-2　抛洒腐熟农家肥

图 3-3　机械抛洒颗粒商品有机肥

## 二、精细整地

春季土壤解冻后，均匀撒施有机肥，没有秋深翻的地块也可在春季深翻（图 3-4），或者深松 30 厘米以上，再及时旋耕、镇压（图 3-5），达到地平、土碎、上虚下实无坷垃的待播种状态（图 3-6），或是直接采取深松粉垄机作业，一次完成深耕、粉碎、镇压（图 3-7）。各项机械耕整地措施要根据墒情和降雨情况合理安排作业时间，且有序衔接，避免跑墒。

图 3-4　机械深翻

图 3-5　机械旋耕镇压

图 3-6　整地后待播状态

图 3-7　深松粉垄机作业

播种前要清除田间垃圾，将没有粉碎的秸秆、杂草、植物茎叶等清出田块，并在地头挖坑深埋或集中堆放沤肥。这样既可提高播种质量，又可以减轻病虫害的发生程度。

## 第五节　播　种

### 一、适时播种

#### （一）播　期

通辽地区适宜播期为 4 月下旬至 5 月上旬。当 5～10 厘米土层温度稳定在

10℃以上时，即可开始播种。生产面积较大的新型农业经营主体，可利用地温计在播前观测地温（图 3-8），以便统筹安排、及时播种，合理规划各地块播种顺序。

图 3-8　地温计测不同深度地温

播期要适当，过早或过晚播种都会影响产量。若过早播种，一旦遭遇低温冷害等不良天气，易造成烂籽、粉籽，影响出苗率和整齐度，严重时导致毁种。若播种过晚则会造成贪青晚熟，收获时不能达到生理成熟，造成损失。要根据天气、地温、墒情，合理规划整地和播种进度。

## （二）种植模式

玉米绿色高效节水集成技术要求按照浅埋滴灌模式播种，即窄行 40 厘米、宽行 80 厘米，将滴灌带埋设于窄行 2 个播种带中间，滴灌带埋深 2～4 厘米（图 3-9 至图 3-11）。

图 3-9　宽窄行浅埋滴灌

图 3-10 浅埋滴灌模式播种 1

图 3-11 浅埋滴灌模式播种 2

浅埋滴灌的主要优势在于：一是宽行可增加通风透光性，从而合理增加群体密度；二是窄行间铺管带可使滴灌带离植株根部更近，能够充分利用水资源，节约用水；三是滴灌系统的建立，可实现滴水出苗和水肥一体化，既能保障出苗整齐，又能满足分期追肥。

### （三）种植密度

根据品种特性和土壤肥力状况合理密植。一般中上等肥力地块，紧凑型耐密品种播种密度 5 500～6 500 粒 / 亩，亩保苗 4 900～5 800 株；半紧凑型品种播种密度 5 000～5 500 粒 / 亩，亩保苗 4 500～4 900 株。中等肥力地块，紧凑型或半紧凑型品种播种密度 4 500～5 000 粒 / 亩，亩保苗 4 000～4 500 株。

## 二、播种技术要求

### （一）播种机选择

选择专用的无膜浅埋滴灌精量播种铺带一体机（图 3-12、图 3-13），也可利用宽窄行（大小垄）播种机或膜下滴灌播种机进行改装，即在播种机横梁上焊接滴灌带支架，两个播种盘中间横梁处焊接滴灌带开沟器及滴灌带引导轮（图 3-14、图 3-15）。建议选择带有漏播报警功能的精量播种机，确保播种质量。

图 3-12　8 行浅埋滴灌播种机

图 3-13　4 行浅埋滴灌播种机

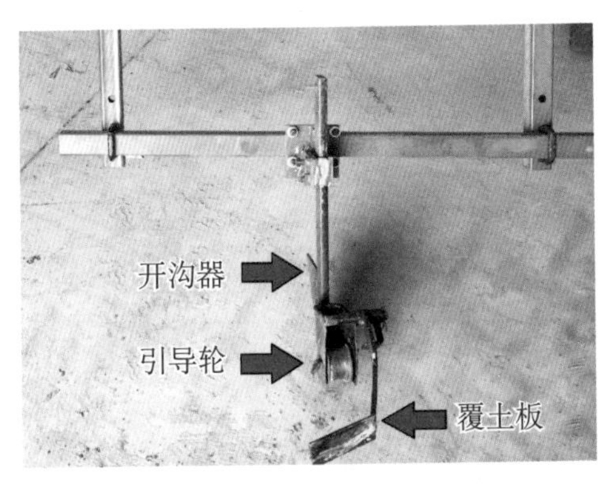


图 3-14　浅埋滴灌播种机改装件

图 3-15　浅埋滴灌播种机改装后播种

### （二）播种速度

播种速度因不同播种机械类型而异。播种速度对播种质量有很大影响，若速度太快，空穴率增加，漏播、甩籽加重，易造成缺苗断垄。因此，应根据田块地形、整地质量、播种密度等因素适当调整。一般设计播种密度高的、整地质量差的、地形不平的地块，播种速度要适当调慢。建议选择装有导航装置的拖拉机牵引，并在播种前试播 5～10 米，检查播种质量，及时调试，确定好播种行进速度后，再开始大面积播种。

### （三）播种深度

根据土壤类型和墒情确定播种深度，要求播种深浅一致，覆土均匀。一般播种深度 3～4 厘米，风沙土地块 5～6 厘米，播种过深会影响出苗率。

### （四）施肥深度

严格控制好种肥隔离，种肥要深施于种子侧下方 6～8 厘米处，确保不烧种、不烧苗。

### （五）滴灌带埋入深度

播种同时进行滴灌带铺设。无论是迷宫式滴灌带还是贴片式滴灌带，在铺设时都要使其正面朝上（迷宫纹或贴片向上）。滴灌带埋入土壤深度视土壤类型而定，一般黑土、黑五花、白五花、碱性土壤宜浅，埋深 2～3 厘米；风沙土地块埋深 3～4 厘米。埋管过深会增加出水压力，影响滴灌效果和管带回收。在沙土地如果滴灌带埋得过深，滴灌时水分迅速下移，不能供种子萌发吸收，会出现种子芽干无法出苗的现象。

### （六）播种质量检查

播种过程中，机手和辅助人员要随时检查作业质量。重点检查排种口和排肥口是否有堵塞、漏播、播种过深、管带过深、管带翻转等情况，发现问题及时处理。

## 第六节　滴灌连接

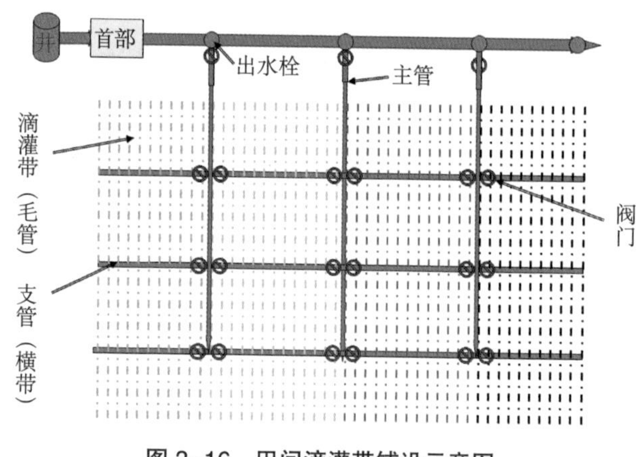


图 3-16　田间滴灌带铺设示意图

播种后立即连接滴灌系统管网（图 3-16），检查滴灌系统运行是否正常。尽量在播种后的 48 小时内及时滴出苗水，保障苗全、苗齐、苗壮。

## 一、连接滴灌带

播种后立即连接田间的滴灌带、支管、分干管、干管，管路铺设、轮灌组设计按照本章第二节所述方法科学布局。支管与干管或分干管连接处使用四通和球阀（图 3-17），滴灌带与地上支管用小三通连接（图 3-18）；滴灌带与滴灌带之间用小直通连接（图 3-19）。滴灌带连接三通或直通时，捋顺管带并将卡环卡紧，避免管带褶皱，以防压力不均漏水或影响流速。支管之间互相平行，地势平坦地块一般间隔 100～120 米垂直垄向铺设一条支管，每条支管两侧有效控制长度为 50～60 米。为保证管道供水压力充足，应将每两条支管间的滴灌带在正中卡死（图 3-20）；滴灌带末端打结，避免漏水。对于地势起伏较大地块，尽量将支管布设在地势最高处。

图 3-17　支管与干管连接

图 3-18　滴灌带与支管连接

图 3-19　滴灌带之间连接

图 3-20　滴灌带卡扣

### 二、试水检测

管网系统连接完成后，按照预先设计的轮灌组布局，依次打开出水栓和控制阀门，到末端查看滴灌带滴水是否正常，并观察滴灌首端安装压力表。当压力在0.05～0.25兆帕且末端滴灌带滴水均匀，代表轮灌组面积适宜，滴灌系统压力正常，可以正常灌溉。否则要重新检查滴灌系统各级管道、管带是否有漏水、堵塞现象。如果单次灌溉面积过大会导致管带压力不足，影响滴灌效果；如果单次灌溉面积过小，则管带压力过大，容易冲破管带或接头。通过关闭或开启控制阀，调整轮灌组控制面积，使滴灌系统压力达到正常值。

## 第七节　水肥管理

### 一、合理施肥

#### （一）施肥原则

（1）有机肥与化肥并重。增施有机肥后，可酌情减少化肥用量。有条件的地方提倡结合整地，每亩施入腐熟农家肥4～6立方米。

（2）氮肥一般采取“前控、中促、后补”的原则。即基肥或种肥轻施，大喇叭口期重施，吐丝开花期、灌浆期补施。磷钾肥一般作为种肥施用，可结合秋整地或春整地作为基肥施入。

（3）中微量元素采取缺什么补什么的原则，视情况决定适量施用微肥。

（4）按照玉米需肥规律，测土配方，制定总体施肥方案。

#### （二）玉米的需肥量

施肥的增产效果受地力水平、品种特性、种植密度、肥料种类及配比、施肥技术等因素影响。一般遵循“以地定产、以产定肥”，要做到精细化管理，避免过量施肥和粗放管理。玉米需要的大量养分主要是氮、磷、钾三元素，其吸收比率大约为2∶1∶2。通辽地区大部分玉米田土壤缺氮、少磷、钾有余，因此在化肥施用上以氮肥最多，磷肥次之，钾肥最少。

建议生产者每 3 年进行一次测土配方，监测土壤中磷钾含量，有针对性地确定化肥配比，并结合增施有机肥、秸秆还田等技术培肥地力。若没有条件测土配方，可参考表 3-1，确定化肥用量。一般大田目标产量 1 000 公斤 / 亩的地块，每亩施入种肥 46% 磷酸二铵 15 公斤左右、50% 硫酸钾肥 6 公斤，缺锌地区加硫酸锌 1～1.5 公斤，或等养分含量复合肥；追肥尿素 30～35 公斤或相当养分含量的玉米专用水溶肥、液态肥等。根据地力水平、产量目标等因素，适当调整施肥量。

**表 3-1　玉米浅埋滴灌水肥一体化种植模式推荐施肥量**　（单位：公斤 / 亩）

| 目标产量 | 氮 N | 磷 $P_2O_5$ | 钾 $K_2O$ | 折含量 46% 尿素 | 折含量 46% 磷酸二铵 | 折含量 50% 硫酸钾 |
|---|---|---|---|---|---|---|
| ＞1 000 | ＞19 | ＞6.6 | ＞3.1 | ＞36 | ＞15 | ＞6.2 |
| 850～1 000 | 17～19 | 5.6～6.6 | 2.7～3.1 | 32～36 | 12～15 | 5.4～6.2 |
| 750～850 | 15～17 | 5～5.6 | 2.5～2.7 | 28～32 | 11～12 | 5～5.4 |
| 650～750 | 13～15 | 4.3～5 | 2～2.5 | 25～28 | 10～11 | 4～5 |
| ＜650 | ＜13 | ＜4.3 | ＜2 | ＜25 | ＜10 | ＜4 |

## （三）施肥方法及技术要求

玉米绿色高效节水集成技术不同于普通农户的畦田漫灌模式，其田间滴灌系统管路畅通，可随水冲肥，简便高效，省工省肥。磷钾肥作为基肥或种肥，在整地或播种时一次性投入；氮肥作为追肥，根据玉米需肥规律，在各关键生育时期分次施入。

### 1. 追肥时期及追肥次数

追肥以氮肥为主，配施微肥。氮肥追施要遵循“前控、中促、后补”的原则，整个生育期分 5～8 次追肥。追施 5 次时：在拔节期、大喇叭口期、抽雄前、吐丝后、灌浆期，按照 2∶4∶1∶2∶1 的比例追施，后期追肥时可增施磷酸二氢钾 1～1.5 公斤 / 亩，壮秆、促早熟。追施 8 次时：从进入拔节期开始，每隔 10 天追肥一次，化肥用量可以等份追施。在玉米生长后期，若发现穗位以下叶片发黄，表现为缺氮症状（可参考本章第八节内容），还可少量补施氮肥。

### 2. 施肥量

氮磷钾肥料总量根据测土结果合理配比，或参考表 3-1。氮肥追施时，应根据玉米所处生育时期计算每亩追肥用量，再按照每一个轮灌组的面积计算施肥罐加肥总量。施肥量应精确计算，切忌粗略估算肥量，以免造成资源浪费或减产。

**3. 技术要求**

追肥结合灌水进行，将足量肥料倒入施肥罐内充分溶解，随水滴入。追肥时，先滴清水 30 分钟左右，待滴灌带得到充分清洗，田间各路管带滴水一切正常后再开始施肥。施肥结束后，再继续滴灌清水 30 分钟左右，将管道中残留的肥液冲净，防止化肥残留结晶阻塞滴灌带滴孔。

## 二、科学灌水

### （一）单次灌溉面积

根据水泵型号、水源井出水量等计算单次灌溉面积。以通辽地区井泵条件，每个轮灌组控制面积为 10～25 亩，生产中大多数以 20 亩为一个轮灌组。一般标准工程井单次灌溉面积不宜超过 30 亩，小井每次灌溉面积不宜超过 15 亩。

### （二）及时滴出苗水

播种结束后及时滴灌出苗水，保证种子出苗整齐。如遇极端低温天气，应避免低温滴水。播种后立即连接首部、主管、支管及滴灌带等滴灌系统各部件，试水正常后进行滴灌，一般每亩滴灌 20～30 立方米。单次灌溉量可根据水泵型号、轮灌组面积、灌溉时长计算，也可通过地表观察，当滴灌带两侧 20～30 厘米土壤湿润即可（图 3-21、图 3-22）。

图 3-21　亩灌溉量 20～30 立方米 1

图 3-22　亩灌溉量 20～30 立方米 2

### （三）按玉米生长发育需求科学补灌

玉米生育期内，灌溉定额因降水量和土壤保水性能而定。一般有效降水量在300毫米以上的地区，整个生育期一般滴灌5～8次，每次每亩灌水20～30立方米，每亩总灌水量150～200立方米；有效降水量在200毫米左右的地区，一般滴灌7～10次左右，每次每亩灌水20～30立方米，生育期每亩总灌水量200立方米左右。

根据玉米需水需肥规律，并结合当地降雨情况，少量多次滴灌，保障玉米各生育时期水分需求。一般滴完出苗水后可适当蹲苗40天左右，进入拔节期后再结合追肥适时灌溉，重点保障大喇叭口期、抽雄期、吐丝期、灌浆初期水分供应。每次滴灌启动后及时检查管网系统，若有跑冒滴漏及时处理。

## 第八节　玉米缺素症状识别

### 一、缺氮症状

玉米氮素不足，最明显的症状是叶片黄绿，植株矮小纤细，下层叶片逐渐枯死。玉米苗期缺氮时生长缓慢、矮瘦、叶色黄绿；生长盛期缺氮，老叶从叶尖沿着中脉向叶片基部枯黄，枯黄部分呈“V”形，叶缘仍保持绿色而略卷曲，最后呈焦灼状而死亡。

### 二、缺磷症状

缺磷玉米植株瘦小，茎叶大多呈明显的紫红色，缺磷严重时老叶叶尖枯萎呈黄色或褐色，花丝抽出迟，雌穗畸形，穗小，结实率低，推迟成熟。

### 三、缺钾症状

玉米缺钾，初期表现从玉米植株下部叶片边缘开始变褐色，逐渐向叶子中脉移动，然后向植株上部发展。玉米生长缓慢，叶片色淡，黄绿，叶尖干枯，呈现灼烧状。严重缺钾时，生长停滞，节间缩短，茎变细，植株小，果穗发育不良或出现较大秃尖，茎秆较弱，容易倒伏，玉米产量受到严重影响。缺钾的玉米果穗小，秃尖长，籽粒不饱满，且排列不整齐。

## 四、缺钙症状

玉米缺钙，植株生长矮小，生长点和幼根停止生长，新叶叶缘出现白色斑纹和锯齿状不规则横向开裂。新叶分泌透明胶质，相邻幼叶的叶尖相互粘连在一起，使得新叶抽出困难，不能正常伸展，卷筒状下弯呈“牛尾状”，严重时老叶尖端也出现棕色焦枯。

## 五、缺镁症状

玉米缺镁时多在基部的老叶上先表现出症状，叶脉间出现淡黄色条纹，后变为白色，但叶脉一直呈绿色。随着时间延长，白色条纹逐渐干枯，形成枯斑，老叶呈紫红色。严重缺镁时，叶尖、叶缘黄化枯死，甚至整个叶片变黄。氮、磷、钾肥施用过量或湿润地区的砂质土壤容易导致玉米缺镁。

## 六、缺硫症状

玉米缺硫时的典型症状是幼叶失绿。苗期缺硫时，新叶先黄化，随后茎和叶变红。缺硫时新叶呈均一的黄色，有时叶尖、叶基部保持浅绿色，老叶基部发红。植株矮小瘦弱、茎细而僵直。玉米缺硫的症状与缺氮症状相似，但缺氮是在老叶上首先表现症状，而缺硫却是首先在嫩叶上表现症状，因为硫在玉米体内是不易移动的。

## 七、缺铁症状

玉米缺铁时上部叶片黄化；中部叶片叶脉间失绿，呈清晰的条纹状，但叶脉仍保持绿色；下部叶片一般正常。这些症状与玉米缺锰时很相似。玉米对铁的需求量很少，一般不会出现缺铁现象，只有碱性土壤易造成玉米缺铁。

## 八、缺锰症状

玉米缺锰时症状首先表现在新叶上，叶绿体结构受到破坏，叶片失绿。叶缘最先失绿，后叶脉间出现与叶脉平行的失绿条形斑，条形斑最初为浅绿色，之后逐渐变成灰绿色、灰白色、褐色或红色。玉米缺锰症状常与缺锌症状同时发生并相互掩盖，很难区分。

## 九、缺锌症状

玉米对锌敏感，常被用作缺锌的指示作物。玉米缺锌时，刚出土的幼苗就表现症状，形成“白芽”。幼苗基部叶片褪绿，叶尖和叶缘呈黄色，叶片上有黄白色条纹，俗称“白芽病”或“花白苗病”。植株长大后，新叶仍有黄白色条纹，老叶叶脉间形成失绿半透明条纹，并逐渐坏死。生长后期，玉米叶片干枯，沿叶脉开裂而破碎。缺锌玉米节间明显缩短，常呈紫色或棕色，植株矮小。果穗籽粒稀疏，有秃尖。

## 十、缺铜症状

植株瘦弱，新叶失绿发黄，叶尖发白卷曲，叶缘灰黄，叶片出现坏死斑点，叶尖及边缘焦枯，至植株枯死。

## 十一、缺硼症状

玉米缺硼时，生长点发育不良，形成簇生叶。幼叶不能充分展开，变薄变小。上部叶片叶脉间出现坏死斑点，呈白色半透明的条纹状，很易破裂。雄穗抽不出，雄花不能形成或变小。果穗短小，籽粒稀少且分布无规律，形成占整个果穗 1/3 的秃尖。

# 第九节 除 草

化学除草为主，机械或人工防除为辅。根据种植结构、玉米品种、杂草种类、除草剂类型、土壤类型、天气等情况，合理选用除草剂产品和药械，科学把握除草时机，规范除草作业流程。

## 一、苗前除草

苗前除草是指播种后出苗前对土壤的封闭除草。苗前除草可在滴出苗水后趁土壤湿润进行，一般可选用 90% 或 99% 乙草胺乳油、或 72% 或 96% 精异丙甲草胺乳油、或 90% 莠去津水分散粒剂、或 38% 莠去津悬浮剂、或 25% 噻吩磺隆可湿性粉剂、或 87.5% 2,4-D 异辛酯乳油、或 57% 2,4-D 丁酯乳油、或 90% 乙草胺乳或 96% 精异丙甲草胺乳油 +75% 噻吩磺隆、或 67% 异丙·莠去津悬浮剂、或 40% 乙·莠乳油、或 50% 嗪酮·乙草胺乳油等药剂，兑水均匀喷雾，并严格按照说明书用量用法使用。

## 二、苗后除草

苗后除草应在玉米3～5 片展开叶期间喷药。

### （一）精准选择除草剂

可选用 30% 苯吡唑草酮悬浮剂，或 10% 硝·磺草酮悬浮剂，或 4%、6%、8% 烟嘧磺隆悬浮剂，或 90% 莠去津水分散粒剂，或 38% 莠去津悬浮剂，或 25% 辛酰溴苯腈乳油，或硝磺·莠去津、烟嘧·莠去津混配制剂，或莠去津与苯吡唑草酮、烟嘧磺隆·辛酰溴苯腈混用，于玉米3～5 片展叶期，杂草 2～4 叶期，兑水均匀喷雾。

需要注意的是，烟嘧磺隆不能用于甜玉米、糯玉米及爆裂玉米，不能与有机磷类农药混用，用药前后 7 天内不能使用有机磷类农药。

### （二）中后期杂草发生严重地块补救措施

针对玉米生长中后期杂草发生严重的地块，可选用 20% 百草枯水剂、25% 砜嘧磺隆水分散粒剂，进行玉米行间定向喷洒，施药时喷头应加装保护罩，避免喷溅到玉米植株上产生药害。

## 三、除草剂使用相关作业要求

### （一）除草时配合助剂及用量

合理选用植物油型喷雾助剂，能够提高除草效果，减少除草剂用药量，减少喷雾用水量，减少雾滴漂移，且对作物更安全。

（1）常规量喷雾，亩喷液量＞30 升。

（2）低量喷雾，亩喷液量 0.5～30 升。

（3）超低量喷雾，亩喷液量＜0.5 升。

### （二）作业环境条件

作业环境是指喷药当天的天气情况。应选择无雨、少露、气温在 5～30℃天气作业；常规量喷药时风力不得大于 3 米 / 秒，即风力 3 级以上时不宜施药作业；低量喷雾和超低量喷雾风速不大于 2 米 / 秒，超低量喷雾时应无上升气流。一般情况下应选择常规量喷雾。

### （三）药剂配制

科学稀释药剂，是保证药效的一个重要条件。配制药剂时应采用“二次稀释法”，其具体做法是：先用少量的水，将农药稀释成母液，再将配制好的母液按稀释比例倒入准备好的清水中，搅拌均匀（图 3-23、图 3-24）。采用“二次稀释法”需要注意的问题是，两次稀释所用的水量要等于稀释比例所需用水的总量，否则，将会影响预期配制的药液浓度。

同时，要保证喷雾质量，尽量选用高压扇形喷头，喷雾要均匀（图 3-25、图 3-26），依据土壤墒情和田间杂草发生程度酌情增减药液量。

图 3-23　配制母液

图 3-24　二次稀释

图 3-25　苗后除草机械作业 1

图 3-26　苗后除草机械作业 2

## 第十节　中　耕

中耕有疏松表土、增加土壤通气性、提高地温、促进微生物活动、促进养分有效化、去除杂草、促使根系伸展、调节土壤水分状况等效果，是提高玉米产量和抗倒伏能力的有效手段，因此要根据行间距订制或改装中耕机具，适时中耕。

建议进行 2 次中耕。第 1 次在苗期，耕深 10 厘米左右（图 3-27、图 3-28）；第 2 次在拔节期，耕深 15 厘米左右（图 3-29、图 3-30）。中耕在宽行（大垄）进行，要根据土壤状况调节铧犁和耘锄作业深度和宽度。中耕时遇到地上支管要抬高犁铧，避免损坏管带。

图 3-27　苗期中耕 1

图 3-28　苗期中耕 2

图 3-29　拔节期中耕 1

图 3-30　拔节期中耕 2

## 第十一节　化学调控

合理密植是提高群体产量的有效手段之一，但随着种植密度的提高，玉米的倒伏风险也随之加大。因此，要科学使用化学调控剂对玉米植株进行调控，提高玉米抗倒能力，保障高产稳产。

### 一、化控剂类型

玉米化控常用的调节剂主要有多效唑类、乙烯利类、缩节胺类、矮壮素类四大类。化控剂的主要功能就是缩短玉米节间长度，尤其是2～5节间长度，从而降低穗位高度，使植株重心下移，增强穗下茎秆强度，提高玉米抗倒能力。

## 二、化控时机

在玉米拔节初期，即6～8片展开叶时期进行化控效果最佳。若在6展叶前使用化控剂，易造成玉米植株不旺、茎秆过低；若在8展叶后使用，则导致玉米生长发育不良，影响玉米雄穗分化，后期造成玉米减产。

## 三、施用浓度

浓度过低达不到应有效果，浓度过高则会产生严重的副作用。因此，无论在施用哪一类化控剂时，都需要严格按照化控剂产品说明书推荐的浓度和用量施用，不可随意增减用药量和用水量。

## 四、注意事项

化控作业尽量选择自走式高架喷雾器（图3-31、图3-32），在施药时注意喷高不喷低，一扫而过，避免重喷。不建议使用无人机喷施，因为无人机携药量小，不便于需大量用水的化控作业，且飞行高度控制不好易造成药剂漂移，影响化控效果。若喷施后6小时内遇雨，可减半药量再喷1次。喷药量还要因势而定，干旱少雨的年份可以适当减少化控剂使用量，多雨年份可适当加大使用量。

图3-31　自走式高架喷雾机化控作业1

图3-32　自走式高架喷雾机化控作业2

# 第十二节　玉米常见病害防治

玉米病害防治应遵循“预防为主、综合防控”的原则，通过选择高抗品种和农艺措施预防病害发生，减少化学药剂使用量，实现绿色防控。

## 一、玉米大斑病

### （一）症状特征

玉米大斑病主要为害叶片，严重时也为害叶鞘和苞叶。植株下部叶片先发病，然后向上扩展。病斑长梭形，呈灰褐色或黄褐色，长5～10厘米，宽1厘米左右，有的病斑较大，或几个病斑相连形成较大的不规则形枯斑，严重时叶片枯焦（图3-33、图3-34）。

图3-33　玉米大斑病症状1

图3-34　玉米大斑病症状2

发生在易感病品种上时，玉米叶片上先出现水渍状斑，很快发展为灰绿色的小斑点，病斑沿叶脉迅速扩展且不受叶脉限制，形成长梭形、中央灰褐色、边缘没有典型变色区域的大型病斑。在连雨天的时候，斑块上会出现灰黑色霉层，这主要是由于病原孢子大量分生而造成的，发病后植株叶片失去光合作用功能，难以保证植株的正常生长，严重时会导致植株枯死，造成大面积减产。发生在抗病品种上时，病斑沿叶脉扩展，表现为褐色坏死条纹，周围有黄色或淡褐色褪绿圈，不产生或极少产生孢子。

### （二）发生规律

玉米大斑病病菌以其休眠菌丝体或分生孢子在病残体内越冬，成为翌年发病的初侵染源。玉米生长季节，越冬菌源产生孢子，随雨水飞溅或气流传播到玉米叶片上，遇适宜温度、湿度条件萌发入侵；经 10～14 天，便可产生大量分生孢子。之后，分生孢子随风雨传播，重复侵染。气候条件是影响大斑病发生的决定因素。中温高湿是诱发大斑病的主要气候条件，阴雨天多，田间湿度大，可造成玉米大斑病突发成灾。温度 20～25℃、相对湿度 90% 以上有利于病害发展。气温低于 15℃、相对湿度小于 60% 的气候条件持续 7 天以上，病害的发展将受到抑制。玉米播种过晚、出穗后氮肥不足、玉米连作，均有利于病害的发展流行。

### （三）防治措施

玉米大斑病的防治应采取选用抗、耐病品种，加强栽培管理，重点施药保护等综合措施。

**1. 农业措施**

首要选用抗、耐大斑病的玉米品种。有条件可实行轮作、倒茬制度。加强田间管理，促进玉米生长发育，增强玉米抗病性。

**2. 药剂防治**

先摘除植株基部黄叶、病叶，减少再次侵染菌源，增强通风透光度，然后喷施杀菌剂。在大喇叭口期到抽雄期或发病初期进行喷药防治。每 7～10 天喷药 1 次，连续防治 2～3 次。药剂可选用 50% 多菌灵可湿性粉剂、80% 代森锰锌可湿性粉剂等 500 倍液喷雾，每亩用药液 50～75 公斤。

## 二、玉米小斑病

### （一）症状特征

玉米小斑病在玉米整个生育期内都可发生，但以抽雄期、灌浆期发病较为严重。主要为害叶片，但叶鞘、苞叶和果穗也能受害。在叶片上病斑较小，病斑数量多，椭圆形、圆形或长圆形，大小为（5～10）毫米 ×（3～4）毫米，初为水渍状，后为黄褐色或红褐色，边缘颜色较深，密集时常互相连接成片，形成较大型枯斑，多从植株下部叶片先发病，向上蔓延、扩展（图 3-35、图 3-36）。

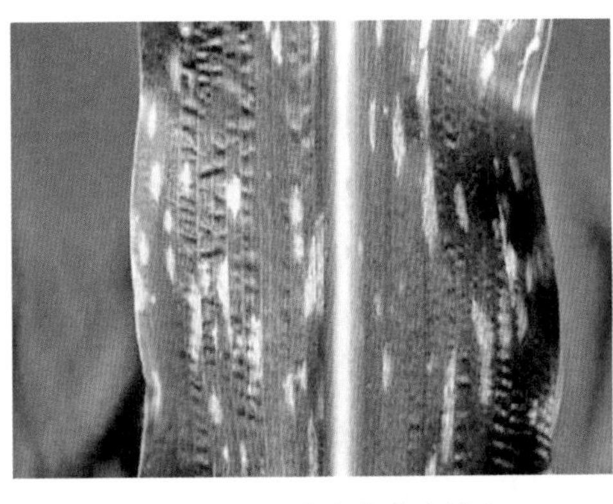
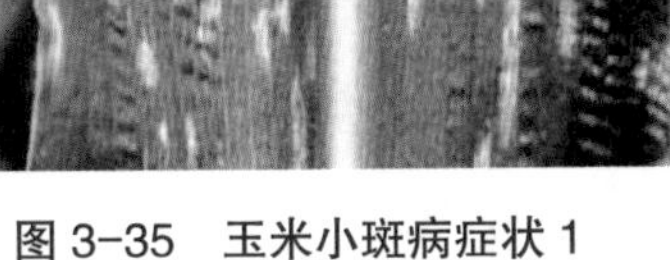

图 3-35　玉米小斑病症状 1

图 3-36　玉米小斑病症状 2

叶片病斑形状，因品种抗性不同有三种类型。①不规则椭圆形病斑或受叶脉限制表现为近长方形，有较明显紫褐色或深褐色边缘。②椭圆形或纺锤形病斑，扩散不受叶脉限制，病斑较大，灰褐色或黄褐色，无明显深色边缘，病斑上有时出现轮纹。③黄褐色坏死小斑点，基本不扩大，周围有明显的黄绿色晕圈，此为抗性病斑。高温潮湿天气，前两种病斑周围或两端可出现暗绿色浸润区，幼苗上尤其明显，病叶萎蔫枯死快，叫“萎蔫性病斑”；第三种病斑，当数量多时也连接成片，使病叶变黄枯死，但不表现萎蔫状，叫“坏死性病斑”。

## （二）发生规律

主要以菌丝体在病残株（病叶为主）上越冬，初侵染源主要是上年收获后遗落在田间或玉米秸秆堆中的病残体，其次是带病种子。玉米生育期内，遇到适宜温、湿度条件，越冬菌源产生分生孢子，传播到玉米植株上，在叶面有水膜的条件下萌发侵入。在适宜温、湿度条件下，经 5～7 天即可重新产生新的分生孢子进行再侵染，这样经过多次反复再侵染造成病害流行。最初在植株下部叶片发病，然后向周围植株传播扩散（水平扩展），病株率达一定数量后，向植株上部叶片扩展（垂直扩展）。

温度和湿度条件对小斑病的发生和流行影响最大。小斑病菌产生分生孢子的最适宜温度 23～25℃，适宜田间发病的日平均气温为 25～28℃。遇充足水分或高温条件，病情迅速扩展。玉米大喇叭口期、抽穗期降水多、湿度高，容易造成小斑病的流行。低洼地、过于密植荫蔽地块、连作地块发病较重。

### （三）防治措施

玉米小斑病是靠气流传播、多次侵染的病害，而且越冬菌源又很广泛，单用一种措施防治效果不理想。应采用以抗病品种为主，结合栽培技术的综合防治措施。在玉米小斑病发生区，常常还伴有玉米大斑病、茎腐病和丝黑穗病同时发生，因而在防治小斑病的同时，必须考虑兼治其他几种病害。

**1. 农业防治**

一是选择种植抗病品种。二是加强栽培管理。玉米收获后，彻底清除田间病残株，播种前尽量处理完堆放的玉米秆。深翻土壤，施用的农家肥要高温沤肥，杀灭病菌。施足底肥，增施磷肥，重施喇叭口肥，及时中耕，适时灌水，培育壮苗，促进生长发育。

**2. 药剂防治**

在玉米抽穗前后，病情初发至扩展前开始进行化学药剂防控。喷药时先摘除底部病叶，用 75% 百菌清可湿性粉剂、50% 多菌灵可湿性粉剂或 40% 异稻瘟净乳油等，加水 500 倍进行喷雾，也可用 70% 甲基托布津、65% 代森锰锌可湿性粉剂 500～800 倍液喷雾，每亩用药 50～70 公斤，间隔 7～10 天 1 次，连防 2～3 次。

## 三、玉米茎腐病

### （一）症状特征

**1. 真菌性茎基腐病**

玉米茎基腐病病菌从根系侵入，在植株体内蔓延扩展，在玉米 10 多片叶时大喇叭期开始发病。首先在植株中下部的叶鞘和茎秆上出现不规则的水浸状病斑，地上表现为中下部叶片边缘从下而上变黄变褐，根部木质部变褐，严重时初生根、次生根坏死、腐烂，从而引起茎基部腐烂，茎空心变软，遇风易折断倒伏根部及茎基部，引起倒伏或枯死，在乳熟后期是显症高峰（图 3-37、图 3-38）。

图 3-37　玉米真菌性茎基腐病 1

图 3-38　玉米真菌性茎基腐病 2

**2. 玉米细菌性茎腐病**

典型症状是在玉米植株中下部叶鞘和茎秆上发生水浸状腐烂，植株茎基部第二或第三茎节完全坏死腐烂，用手轻折易在坏死处折断，腐烂部位具有腥臭味。玉米大喇叭口期发病，发病植株一般不能抽穗和结实，发病严重的青枯死亡，对玉米产量造成直接影响（图 3-39、图 3-40）。

图 3-39　玉米细菌性茎腐病 1

图 3-40　玉米细菌性茎腐病 2

## （二）发生规律

**1. 真菌性茎基腐病**

玉米茎腐以分生孢子或菌丝体在病穗、病粒或病残体内外存活越冬，带病种子是翌年主要侵染源。病菌借风雨、灌溉水、机械和昆虫携带传播，通过根部或茎部的伤口侵入或直接侵入玉米，种子带菌可以引起苗枯。玉米吐丝期至成熟期，降雨多、湿度大，病害发生重，反之则发病轻。土壤肥沃、有机质丰富、排灌条件好、玉米生长健壮的田块发病轻。沙土地、土地瘠薄、排灌条件差、玉米生长弱的田块发病较重。玉米早播发病重，晚播发病轻，尤其是感病品种表现更敏感。高温高湿利于发病，日均温 30℃左右，相对湿度高于 70% 即可发病；日均温 34℃，相对湿度 80% 病害扩展迅速。

**2. 玉米细菌性茎腐病**

病原菌在病残体、带菌种子和粪肥中越冬。翌年春天，玉米拔节后，病菌借风雨、昆虫和灌溉水传播，从植物气孔、水孔或伤口处侵入，玉米植株组织柔嫩时易发病。玉米螟、黏虫等虫口数量大时，则发病重。高温高湿利于发病，日均温 34℃，相对湿度 80% 时扩展迅速。尤其是雨过天晴，太阳暴晒时易发生。地势低洼、排水差、连作地、施用氮肥过多，发病重。

## （三）防治措施

**1. 农业防治**

（1）选择抗病品种。不同品种之间抗病性存在明显差异，因此要首先选用抗病品种。

（2）清洁田园。及时巡田查看，发现病害时，要及时拔除田间带病植株，避免传播。收获后彻底清除田间病株残体，集中烧毁或高温沤肥，减少田间初侵染源。

（3）加强田间管理。要合理施肥，避免偏施氮肥，增施钾肥可明显降低发病率。要及时中耕松土，但要避免机械损伤。及时防治虫害，减少伤口。

**2. 化学防治**

（1）药剂拌种。选购正规的包衣种子，若购买种子未经过包衣，则需药剂拌种。用 25% 三唑酮可湿性粉剂，或 70% 甲基硫菌灵兑水适量，以种子重量的 0.3% 药剂拌种，可减少真菌性茎基腐病种子带病率。

（2）药剂喷雾。真菌性茎基腐病每亩用 57.6% 冠菌清干颗粒剂 15～20 克兑水 30 公斤喷雾或灌根，每株 250 毫升，连灌 2 次，间隔 7～10 天。细菌性茎腐病用 72% 农用链霉素 2 000 倍液灌根，每株 250 毫升，连灌 2 次，间隔 7～10 天。也可综合防治，用甲霜灵 400 倍液或多菌灵 500 倍液 + 农用硫酸链霉素 4 000 倍液灌根，每株 250 毫升，连灌 2 次，间隔 7～10 天，有较好的治疗效果。

## 四、玉米丝黑穗病

### （一）症状特征

该病表现在成株期，一般玉米抽雄吐丝后表现出典型症状。发病植株一般比正常植株稍矮且细，多数病株雌穗发病较多，果穗较短，基部粗、顶端细、似纺锤形，不吐花丝，除苞叶外整个果穗变成一个大黑粉包。初期苞叶一般不破裂，黑粉也不外露，后期苞叶破裂，散出黑粉（图 3-41、图 3-42）。

图 3-41　玉米丝黑穗病症状 1

图 3-42　玉米丝黑穗病症状 2

### （二）发病规律

玉米丝黑穗病菌以冬孢子散落在土壤中、混入粪肥里或黏附在种子表面越冬。土壤带菌是最主要的初侵染来源，其次是粪肥，再次是种子。玉米丝黑穗病在种子萌动到五叶期都能感病，首先侵入玉米幼芽的分生组织，幼芽出土前是病菌侵染的关键阶段。土壤冷凉、干燥有利于病菌侵染。

### （三）防治措施

**1. 加强检疫**

在外地调种时应做好产地调查，加强检疫，防止由病区传入带菌种子。

**2. 农业防治**

一是要选用抗病品种；二是合理轮作，重病区实行 3 年以上轮作；三是适时播种、提高播种质量；四是农家肥要充分堆沤发酵；五是及时拔除病株，带出田外深埋，减少菌源。

**3. 化学防治**

选购正规的包衣种子，若购买种子未经过包衣，则需药剂拌种。药剂拌种是防治玉米丝黑穗病最简便易行、省工高效的方法。可选用对丝黑穗病防效好的2%戊唑醇湿拌种衣剂（立克秀）、2%烯唑醇可湿性粉剂（速保利）等农药拌种。具体用法：10公斤玉米种子用2%立克秀湿拌种衣剂30克或2%速保利可湿性粉剂20～25克拌种，病害严重地区可适当增加药量。也可用12.5%烯唑醇粉剂均匀拌种，具体方法为：在春播期前将精选的玉米种子放入搅拌器具（或塑料袋）内，加入种子量1%的水先把玉米种子拌湿润，然后把种子量0.1%～0.2%的12.5%烯唑醇粉剂倒入搅拌，稍晾干后即可播种。在拌种时拌药一定要均匀，确保防治效果。

## 五、玉米瘤黑粉病

### （一）症状特征

瘤黑粉病主要特征是在病株上形成膨大的肿瘤。玉米的雄穗、雌穗、气生根、茎、叶、叶鞘、腋芽等部位均可生出肿瘤，但形状和大小变化很大。肿瘤近球形、椭球形、角形、棒形或不规则形，有的单生，有的串生或叠生，小的直径不足1厘米，大的长达20厘米以上。肿瘤外表包有白色、灰白色薄膜，内部幼嫩时肉质白色，柔软有汁，成熟后变灰黑色，坚硬（图3-43、图3-44）。

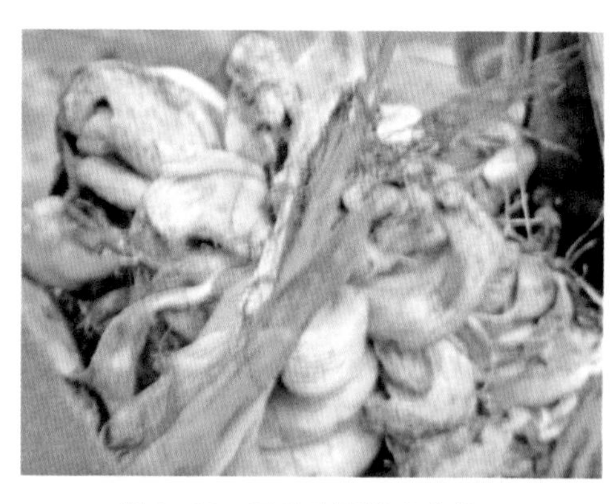

图3-43　玉米瘤黑粉病症状1

图3-44　玉米瘤黑粉病症状2

### （二）发生规律

瘤黑粉菌在玉米整个生育期都可侵染发病。冬孢子在田间土壤、病残体、粪肥中越冬，这些均可成为初侵染源，种子表面带菌可形成远距离传播。玉米生育期内可进行多次再侵染，在抽穗期前后 1 个月内为玉米瘤黑粉病的盛发期。高温多湿及暴风雨造成损伤有利于该病的发生，一般硬粒型品种抗病，早熟品种较晚熟品种发病轻，甜玉米易感病，果穗苞叶紧密、苞叶长而厚的较抗病，而苞叶短小、包裹不严的则易感病。

### （三）防治措施

**1. 农业防治**

一是选用优良抗病品种；二是秋深翻可使地面上的菌源深埋于地下，减少初侵染源；三是及时割除病瘤，避免用病株沤肥，粪肥要充分腐熟；四是注意防虫，减少伤口，降低病原菌的侵染机会；五是适当轮作。

**2. 化学防治**

由于玉米瘤黑粉病初侵染时间长，而药剂持效期短，所喷药剂防治该病效果不理想，但采用种子处理方式可降低发病率。选购正规包衣种子，若种子未包衣，一般可以采用 5% 粉锈宁拌种，用量为种子重量的 0.4%；也可用种子重量 0.25%～0.3% 的 50% 福美双可湿性粉剂拌种。在玉米出苗前地表喷施杀菌剂（除锈剂），在玉米抽雄前喷 50% 福美双或 50% 多菌灵，防治 1～2 次，可有效减轻病害。颗粒剂防治效果最好，在玉米大喇叭口末期撒施烯唑醇与辛硫磷复配颗粒剂，对玉米瘤黑粉病和玉米螟有较好的防治效果。

## 六、玉米锈病

### （一）症状特征

玉米锈病主要为害叶片，严重时果穗、苞叶和雄花上也可受害。最初在叶片两面散生或聚生不明显的淡黄色小点，以后突出，并扩展为圆形或长圆形、黄褐色或褐色病斑，周围表皮翻起，并散出铁锈色粉末，即病原菌的夏孢子堆和夏孢子。生长后期病斑上生长圆形黑色突起，破裂后露出黑褐色粉末（冬孢子堆和冬孢子）症状见图 3-45、图 3-46。其他部位的症状和叶片基本相同。

图 3-45　玉米锈病症状 1

图 3-46　玉米锈病症状 2

### （二）发生规律

玉米柄锈菌以冬孢子随病残体在田间越冬。入春后当环境条件适宜时，冬孢子即可萌发并产生担孢子，借气流传播，由叶面气孔直接侵入，引起初次侵染。田间少量植株发病后，在病部产生锈孢子，形成夏孢子堆并散发出夏孢子，夏孢子借气流传播进行再侵染，在植株间扩散蔓延，加重为害。玉米柄锈菌喜温暖潮湿的环境，发病温度范围 15～35℃；最适发病环境温度为 20～30℃，相对湿度 95% 以上。一般玉米开花至灌浆中后期易发病，夏秋高温、多雨的年份发病重。连作、排水不良、通风透光差、偏施氮肥的田块发病重。

### （三）防治措施

**1. 农业防治**

一是选择抗病品种；二是适时播种，合理密植；三是避免偏施氮肥。

**2. 化学防治**

在发病初期要及时喷药防治，可选用 65% 代森锰锌 500 倍液、50% 代森铵水剂 800～1 000 倍液、0.2 波美度石硫合剂、25% 三唑酮可湿性粉剂 1 000～1 500 倍液。

## 七、玉米褐斑病

### （一）症状特征

发生在玉米叶片、叶鞘及茎秆，先在顶部叶片的尖端发生，以叶和叶鞘交接处病斑最多，常密集成行，最初为黄褐或红褐色小斑点，病斑为圆形或椭圆形（图 3-47、图 3-48）。隆起附近的叶组织常呈红色，小病斑常汇集在一起，严重时叶片上出现几段甚至全部布满病斑，叶片上的病斑常呈现白色透明；在叶鞘上和叶脉上出现较大的褐色斑点，发病后期病斑表皮破裂，叶细胞组织呈坏死状，散出褐色粉末（病原菌的休眠孢子），病叶局部散裂，叶脉和维管束残存如丝状。茎上病多发生于节的附近。

图 3-47　玉米褐斑病症状 1

图 3-48　玉米褐斑病症状 2

## （二）发病规律

病原菌以休眠孢子（囊）在土壤或病残体中越冬，第二年病菌靠气流传播到玉米植株上，遇到合适条件萌发产生大量的游动孢子，游动孢子在叶片表面上水滴中游动，并形成侵染丝，侵害玉米的嫩组织。在 7 月、8 月若温度高、湿度大、阴雨天较多，则利于该病发展蔓延。一般在玉米 8～10 片展叶时易发生病害，玉米 12 展叶以后一般不会再发生此病害。

## （三）防治措施

**1. 农业防治**

一是选择抗病品种；二是科学施肥、中耕，促进玉米植株健壮生长，提高抗病能力；三是收获后彻底清除病残体并深翻；四是合理轮作。

**2. 化学药剂防治**

在玉米 4～5 片展叶期，用 25% 三唑酮可湿性粉剂 1 500 倍液叶面喷雾，可预防玉米褐斑病的发生。发病时用 25% 三唑酮可湿性粉剂、50% 异菌脲可湿性粉剂（扑海因）、12.5% 烯唑醇可湿性粉剂（禾国利）1 000～1 500 倍液、50% 多菌灵可湿性粉剂 500 倍液喷雾。在多雨年份，应间隔 7 天喷 1 次药，连喷后 2～3 次，喷后 6 小时内遇雨应在雨后补喷。

## 八、玉米灰斑病

### （一）症状特征

主要为害玉米叶片，也侵染叶鞘和苞叶。发病初期在叶脉间形成圆形、卵圆形红褐色的矩形条斑，病斑多限于叶脉之间，与叶脉平行，成熟时病斑中央灰色，边缘褐色，大小（4～20）毫米 ×（2～5）毫米（图 3-49、图 3-50）。湿度大时病斑背面生出灰色霉状物。

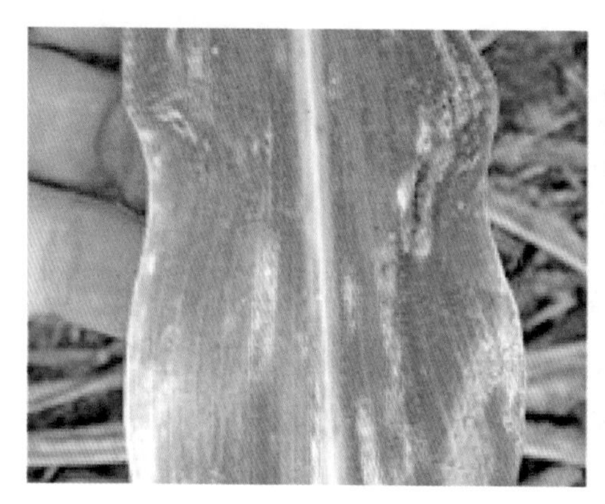

图 3-49　玉米灰斑病症状 1

图 3-50　玉米灰斑病症状 2

### （二）发生规律

病原菌主要以子座或菌丝随病残体越冬，成为翌年初侵染源，以空气传播。病斑上产生分生孢子进行重复侵染，不断扩展蔓延。分生孢子从植株的下部向上部传播，然后在植株间传播。

### （三）防治措施

#### 1. 农业防治

一是选择抗病品种；二是合理密植，合理施肥，增加田间的通风透光性，增强植株的抗病力；三是收获后及时清除病残体并深翻。

**2. 药剂防治**

可选用50%多菌灵500倍液、80%福·福锌可湿性粉剂（炭疽福美）800倍液、50%福·福甲胂·福锌可湿性粉剂（退菌特）600～800倍液喷雾防治。

## 九、玉米穗腐病

### （一）症状特征

玉米果穗及籽粒均可受害，被侵染的果穗局部或全部变色，出现粉红色、黄绿色、褐色或灰黑色的霉层。病穗无光泽，籽粒不饱满或霉烂秕瘪，苞叶常被病菌侵染，黏结在一起，贴于果穗上不易剥离（图3-51、图3-52）。仓储玉米受害后，粮堆内外长出疏密不等、各种颜色的菌丝和分生孢子，并散发霉味。

图3-51　玉米穗腐病症状1

图3-52　玉米穗腐病症状2

### （二）发病规律

温度在15～28℃，相对湿度在75%以上，有利于该病病原菌的侵染和流行。玉米灌浆成熟阶段遇到连续阴雨天气易发病，高温多雨、玉米虫害发生偏重的年份，玉米穗腐病发生较重。花丝多、苞叶长而厚、穗轴含水量高、籽粒排列紧密、水分散失慢的玉米品种易感病。玉米入库时含水量偏高，以及储藏期仓库密封不严，库内温度高，也利于各种霉菌腐生蔓延。

### （三）防治措施

一是选择抗病品种，玉米品种对穗腐病有明显的抗性差异，一般果穗苞叶紧、不开裂的品种抗病性强；二是合理密植，适时追肥，促进早熟；三是采用机械直接收粒、烘干、贮藏，以果穗收获的要及时清理苞叶、花丝以及病穗，及时脱粒、销售或入仓储存。

## 第十三节　玉米常见虫害防治

玉米生育期内要经常巡田查看，及时掌握虫害发生情况。根据当地虫情预警和害虫发生规律，及时防控。尽量以物理防治和生物防治手段为主，避免过度依赖化学药剂。

### 一、玉米螟

玉米螟在我国除青藏高原未见报道外，其余各地均有分布。主要为害玉米、高粱、谷子等，也能为害棉花、甘蔗、向日葵、麻、豆类等。玉米螟是通辽地区最主要的虫害，其各时期形态见图 3-53 至图 3-56。

图 3-53　玉米螟虫卵

图 3-54　玉米螟幼虫

图 3-55　玉米螟蛹

图 3-56　玉米螟成虫

## (一)为害症状

玉米螟以幼虫为害。初龄幼虫蛀食嫩叶形成排孔花叶。3 龄后幼虫蛀入茎秆。为害花苞、雄穗及雌穗，受害玉米长势衰弱、茎秆或穗柄易折，雌穗发育不良，影响结实、落穗(图 3-57 至图 3-60)。

图 3-57　玉米螟为害症状 1

图 3-58　玉米螟为害症状 2

图 3-59　玉米螟为害症状 3

图 3-60　玉米螟为害症状 4

## （二）发生规律

玉米螟在通辽地区 1 年发生 2 代。以老熟幼虫在玉米被害部位及根茬内越冬。玉米螟的发生和为害程度，除与越冬基数直接有关外，还与气候条件、天敌数量、耕作制度、品种等关系密切。玉米螟发生的适宜温度为 16～30℃，相对湿度在 80% 以上。长期干旱，会使螟蛾卵量减少。大风大雨能使卵及初孵幼虫大量死亡，减轻其为害。玉米螟的天敌种类也较多，在适宜条件下赤眼蜂的卵寄生率可达 80% 以上。一般不同的玉米品种，其发生数量也有明显差异。

## （三）防治措施

玉米螟的防治要做到四个结合。即越冬防治与田间防治相结合；心叶期防治和穗期防治相结合；化学防治和生物防治相结合；防治玉米田与防治其他寄主作物相结合。

**1. 农业防治**

在春季越冬幼虫化蛹羽化前，采用烧柴、沤肥、作饲料等办法处理玉米秸秆，降低越冬幼虫数量。

**2. 生物防治**

• 白僵菌防治

根据玉米螟越冬后，化蛹前爬出洞处补充水分的特征，将白僵菌喷入秸秆垛内，通辽地区一般为 5 月上中旬进行白僵菌封垛。每立方米秸秆用每克含 300 亿孢子白僵菌 7 克和滑石粉 250 克，喷至秸秆垛往外冒白烟为止（图 3-61）。

还可以投撒白僵菌颗粒剂（图 3-62），每克含 100 亿孢子白僵菌粉 0.5 公斤，

图 3-61　白僵菌封垛

图 3-62　白僵菌灌心

加 5～10 公斤载体（沙质土、炉灰渣、沙子），混合拌均搓匀，配制成每克含孢子 5 亿～10 亿的白僵菌颗粒剂。配制好的颗粒剂在大喇叭口期投撒于玉米植株的心叶内，亩用量 6～8 公斤。

• 赤眼蜂防治

根据赤眼蜂寄生于玉米螟卵的特性，田间释放赤眼蜂，可有效控制玉米螟为害。在玉米螟产卵初期至卵盛期，每隔 5～7 天投放 1 次赤眼蜂，一般通辽地区在 6 月中下旬。每亩投放 2 万头，每次 1 万头。每亩设置 2 个释放点，在放蜂点选择 1 棵玉米植株，将放蜂卡别在玉米中部叶片背面的叶脉上（图 3-63）。

如果选择赤眼蜂蜂球，则将蜂球投入田间即可，投放量按照赤眼蜂球规格确定投放赤眼蜂球的个数和次数（图 3-64）。蜂卡（球）采购后要及时投放到田间，若遇大雨暂不能投放，则将蜂球存放在冷凉地方，切勿与农药放在一起。

图 3-63　赤眼蜂卡别放

图 3-64　赤眼蜂球投放

**3. 物理防治**

• 杀虫灯诱杀

玉米螟成虫具有趋光性，可在成虫发生盛期，在田间设置黑光灯、频振式杀虫灯诱杀成虫，减少虫源（图 3-65）。每 60 亩安放 2 盏，两灯间距 100 米以上，悬挂在高出玉米植株 1 米左右的位置，定期清理虫袋，加强灯具的维护和管理，提高灯具的杀虫效果。

图 3-65　频振式杀虫灯田间诱杀玉米螟

• 性诱剂诱杀

6 月上中旬，玉米螟雌虫性成熟后，将诱杀装置放置玉米田里，通过诱芯释放人工合成的性信息素化合物，引诱雄玉米螟至诱捕器，并用物理法杀死雄玉米螟（图 3-66、图 3-67）。

图 3-66　性诱剂诱捕器 1

图 3-67　性诱剂诱捕器 2

**4. 化学防治**

在玉米螟幼虫 3 龄之前用 25% 灭幼脲、1.8% 阿维菌素等用喷雾器或高架喷雾机喷施。

## 二、黏　虫

### （一）为害症状

黏虫幼虫咬食叶片，1～2 龄幼虫仅食叶肉形成小孔，3 龄后才形成缺刻，5～6 龄达暴食期，严重时将叶片吃光形成光杆，也可为害果穗，造成严重减产，甚至绝收（图 3-68）。当一块田被吃光后，幼虫常成群迁到另一块田为害，故又名“行军虫”。

图 3-68　黏虫为害特征

### （二）发生规律

黏虫为迁飞性害虫，在通辽 1 年可发生 2～3 代。在北纬 33 度以北地区不能越冬，长江以南以幼虫和蛹在稻桩、杂草、麦田表土下等处越冬。翌年春天羽化，迁飞至北方为害，成虫有趋光性和趋化性。幼虫畏光，白天潜伏在心叶或土缝中，傍晚爬到植株上为害，幼虫常成群迁移到附近地块为害。

### （三）防治措施

**1. 农业防治**

中耕除草。幼虫发生期，利用中耕除草将杂草及幼虫翻于土下，杀死幼虫。

**2. 生物防治**

一是用配置黏虫性诱芯的诱捕器（方法同玉米螟性诱剂），诱杀成虫；二是在成虫发生期，在田间安置杀虫灯，灯间距 100 米，夜间开灯，诱杀成虫；三是在黏虫卵孵化盛期喷施苏云金杆菌（Bt）制剂。

**3. 化学防治**

当百株玉米虫口达30头时，应立即进行防治。防治时期掌握在3龄前。清晨或傍晚趁黏虫在叶面上活动时，用4.5%高效氯氰菊酯乳油1 000～1 500倍液、48%毒死蜱乳油1 000倍液、3%啶虫脒乳油1 500～2 000倍液等杀虫剂喷雾防治。

## 三、玉米叶螨

玉米叶螨又称玉米红蜘蛛，主要寄主有玉米、高粱、向日葵、豆类、棉花、蔬菜等多种作物。

### （一）为害症状

若螨和成螨群聚叶背吸取汁液，从下部叶片向中上叶片蔓延。被害部初为针尖大小黄白斑点，可连片成失绿斑块，叶片变黄白色或红褐色，俗称“火烧叶”，严重时整株枯死，造成减产（图3-69、图3-70）。

图3-69 玉米叶螨为害症状1

图3-70 玉米叶螨为害症状2

### （二）发生规律

1年发生多代，以雌性成螨在土壤、树皮等处越冬。翌年5月下旬转移到玉米田局部为害，7月中旬至8月中旬形成为害高峰期。叶螨在株间通过吐丝垂飘水平扩散，在田间呈点片分布。高温干旱有利于叶螨发生，降雨对其有抑制作用。

### （三）防治措施

**1. 农业防治**

一是通过深翻将越冬叶螨翻入土壤深层，春播后灌溉可使其窒息死亡；二是清除田间杂草，减少其食料和繁殖场所；三是在严重发生地区，避免玉米与大豆间作。

**2. 化学防治**

用 20% 哒螨灵可湿性粉剂 2 000 倍液、41% 柴油・哒螨灵 3 000～4 000 倍液、5% 噻螨酮乳油 2 000 倍液、10% 吡虫啉可湿性粉剂 1 000～1 500 倍液、1.8% 阿维菌素乳油 4 000 倍液，重点防治玉米中下部叶片的背面。

## 四、双斑萤叶甲

双斑萤叶甲俗称跳甲，是农作物的重要害虫，该虫多食性，寄主很多，其中包括玉米、豆类、杂粮、马铃薯等作物。

### （一）为害症状

以成虫为害玉米，从下部叶片开始，取食叶肉，残留不规则白色网状斑和孔洞；还可取食花丝、花粉，影响授粉；也为害幼嫩的籽粒，将其啃食成缺刻或孔洞状，同时破损的籽粒被其他病原菌侵染，引起穗腐。

为害症状见图 3-71、图 3-72。

图 3-71　双斑萤叶甲为害症状 1

图 3-72　双斑萤叶甲为害症状 2

### （二）发生规律

在通辽地区1年发生1代，以卵在寄主植物根部土壤中越冬，翌年5月中下旬孵化，幼虫在玉米等作物或杂草根部取食为害。成虫有群集性、趋嫩性，高温活跃，早晚气温低时栖息在叶背面或植物根部，高温干旱利于虫害发生。

### （三）防治措施

**1. 农业防治**

及时清除田间地头杂草，尤其是豆科、十字花科、菊科杂草。

**2. 化学防治**

可用1.8%阿维菌素乳油2 000倍液、10%吡虫啉可湿性粉剂1 000倍液、50%辛硫磷乳油1 500倍液、10%氯氰菊酯乳油3 000倍液、5%啶虫脒可湿性粉剂2 000～2 500倍液喷雾。喷药时间在上午10时前或下午5时后，重点喷施受害叶片背面和雌穗周围。

## 五、草地螟

### （一）为害症状

低龄幼虫取食叶背叶肉，吐丝结网群集为害，受惊后吐丝下垂。高龄后分散为害，食尽叶肉只留叶脉呈网状。在玉米穗期可取食花丝、苞叶和幼嫩籽粒（图3-73、图3-74）。

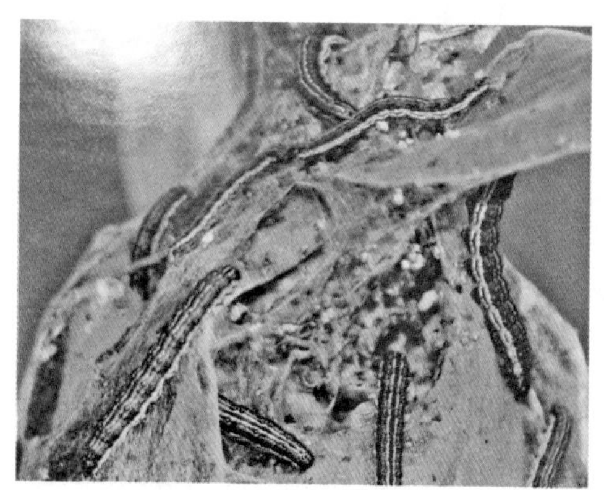

图3-73　草地螟为害症状1

图3-74　草地螟为害症状2

### （二）发生规律

草地螟属于迁飞性害虫，通辽地区 1 年可发生 2 代，以老熟幼虫在土茧中越冬。越冬成虫一般在 5 月上中旬出现，6 月上中旬盛发。1 代幼虫 6 月中旬至 7 月中旬为害严重，第 2 代幼虫一般年份为害很轻。

### （三）防治措施

**1. 农业防治**

一是秋季深翻土地可压低虫源；二是春季除草灭卵。

**2. 生物防治**

应用苏云金杆菌防治低龄幼虫，应用白僵菌防治高龄幼虫。

**3. 化学防治**

用 20% 灭幼脲（除虫脲）悬浮剂 500～1 000 倍液、5% 敌灭灵（除虫脲）可溶性粉剂、5% 抑太保（氟啶脲）乳油 4 000 倍液、2.5% 氯氟氰菊酯乳油、30% 啶虫脒乳油 2 000 倍液、4.5% 高效氯氰菊酯乳油及 48% 乐斯本（毒死蜱）乳油 1 500～2 000 倍液等喷雾防治低龄幼虫。

## 六、蚜　虫

### （一）为害症状

玉米蚜虫多群集在心叶，为害叶片时分泌蜜露，产生黑色霉状物，影响光合作用和授粉，降低粒重，并传播玉米矮花叶病毒病造成减产（图 3-75、图 3-76）。

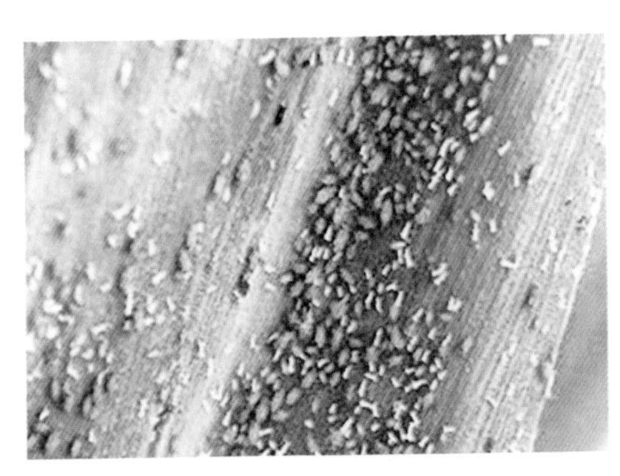

图 3-75　蚜虫为害症状 1

图 3-76　蚜虫为害症状 2

### （二）发生规律

在通辽地区玉米蚜虫1年可发生8～11代。主要以成虫在小麦和禾本科杂草的心叶里越冬。翌年产生有翅蚜，迁飞至玉米心叶为害。雄穗抽出后，转移到雄穗上为害。

### （三）防治措施

**1. 农业防治**

结合中耕，清除杂草，消灭其越冬场所，压低虫源基数。

**2. 化学防治**

用25%噻虫嗪水分散粉剂6 000倍液，40%乐果乳油、10%吡虫啉可湿性粉剂1 000倍液，50%抗蚜威可湿性粉剂2 000倍液等喷雾防治。用70%噻虫嗪（锐胜）种衣剂包衣，或用10%吡虫啉可湿性粉剂拌种，对苗期蚜虫防治效果较好。

## 七、地下害虫

地下害虫是指为害期或主要为害虫态生活在土壤中，主要为害植物的地下部分和近地面部分的一类害虫，包括蛴螬、金针虫、地老虎、蝼蛄等。

### （一）为害症状

主要地下害虫的为害症状如下。

蛴螬（图3-77）咬食种子、根、地下茎，咬断处断口整齐平截，导致幼苗干枯死亡。轻则缺苗断垅，重则毁种绝收。

金针虫（图3-78）咬食萌发的种子，损伤胚乳使之不能发芽。受害幼苗的主根很少被咬断，被害部位不整齐，呈丝状。

地老虎（图3-79）寄主范围广，以幼虫为害，咬断或咬食幼苗根茎，主茎硬化后也能咬食生长点，使植株难以正常发育或导致幼苗枯死。

蝼蛄（图3-80）是最活跃的地下害虫，食性杂，喜食刚发芽的种子，被害部位呈丝状或乱麻状，致使幼苗生长不良，甚至干枯死亡。

图 3-77　蛴螬

图 3-78　金针虫

图 3-79　地老虎

图 3-80　蝼蛄

## （二）发生规律

在通辽地区，蛴螬 1 年发生 1 代，金针虫 3 年完成 1 代，地老虎 1 年发生 2 代，蝼蛄 2 年完成 1 代。

## （三）防治措施

**1. 农业防治**

一是清洁田园。作物收获后，清洁田间周边秸秆、根茬、杂草，不施未腐熟的肥料，以减少害虫产卵和隐蔽的场所。及时铲净田间杂草，减少幼虫早期食料。将杂草深埋或运出田外沤肥，消除产卵寄主。

二是秋季深翻。秋收后及时深翻土壤 25 厘米以上，通过翻耕可以破坏害虫生存和越冬环境，减少次年虫口密度。

三是成虫诱杀。在成虫盛发期，用黑光灯或频振式杀虫灯诱杀成虫。

**2. 化学防治**

（1）种子包衣。根据不同田块地下害虫发生的种类和程度，有针对性地选择含有相应有效成分的种衣剂进行种子包衣。选用克百威 35% + 多菌灵 30% + 福美双 25%、克百威 20% + 福美双 15%、35% 多 · 克 · 福悬浮种衣剂、20% 克 · 福悬浮种衣剂、16.8% 克 · 多 · 福、9.6% 福 · 戊等种衣剂进行拌种或闷种，能有效防治地下害虫。

（2）药剂灌根。用 48% 毒死蜱乳油 2 000 倍液或 40% 辛硫磷乳油 1 000 倍液灌根处理，8～10 天灌一次，连续灌 2～3 次。

# 第十四节 收 获

## 一、籽粒收获

### （一）玉米生理成熟指标

当田间 90% 以上玉米植株叶片变黄，果穗苞叶枯白而松散，籽粒变硬、基部有黑色层，用手指甲掐之无凹痕，表面有光泽，乳线消失（图 3-81），即可收获。

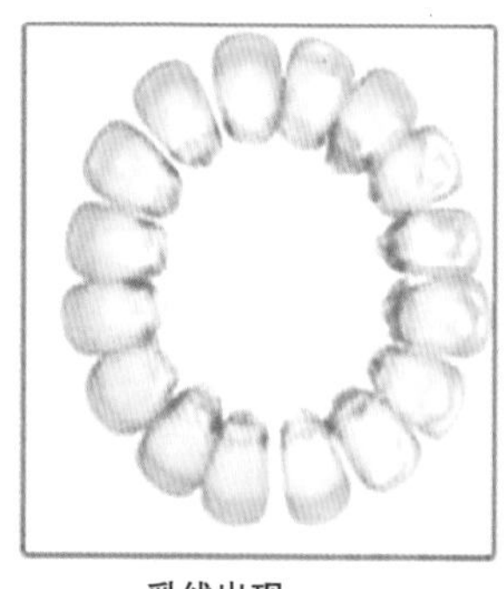

乳线出现

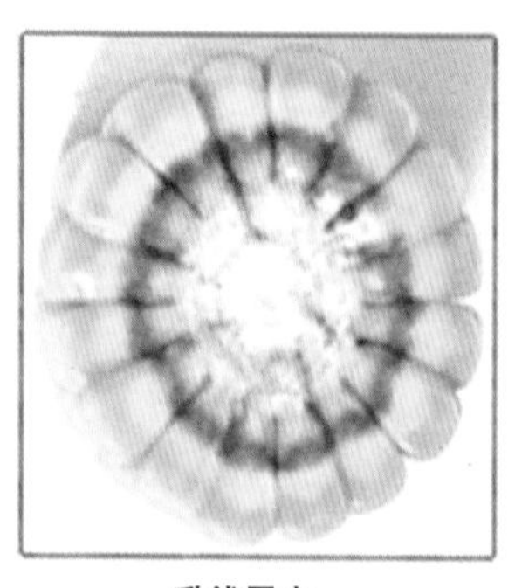

乳线居中

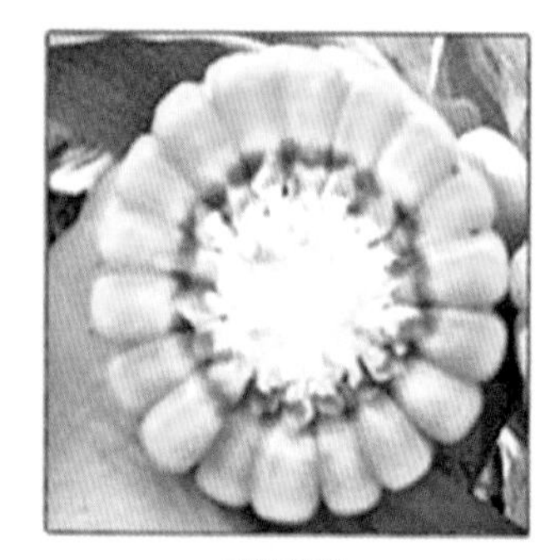

乳线消失

图 3-81 玉米籽粒乳线

### （二）收获时间

玉米一般在 9 月末至 10 月初达到生理成熟，成熟后再进行一周左右的站秆脱水，待籽粒水分下降后，再开始机械收获，一般在 10 月上中旬为宜。若收获过早，籽粒未达到完全成熟，籽粒不饱满，干物质含量低，影响产量；若收获过晚，如果遭遇大风、大雪等极端天气，造成不必要的损失，且过晚收获也会影响秋整地进度。

### （三）机械收获

收获前收回地上支管及其连接部件等，妥善保存，以便翌年再利用。收获时，若籽粒含水率在 30% 左右，则选用适宜的玉米联合收穗机械，作业包括摘穗、剥皮、集箱以及茎秆粉碎还田作业（图 3-82）；若籽粒含水率在 25% 以下，则建议采用机械直接收粒并粉碎秸秆（图 3-83）。收获后及时收回滴灌带。

图 3-82　机械收穗

图 3-83　机械收粒

### （四）科学贮藏

采用机械直接收粒的，可即收即卖，也可存入粮库视价格走势随时出售；采用果穗收获的，要选择干净、平坦、干燥、通风的场地作为临时堆放场所，及时售卖，以免引起“地趴粮”霉变，影响玉米品质。

## 二、全株青贮收获

### （一）最佳收获时间

青贮饲料的营养价值，除与品种有关外，还受收割时期的直接影响。收获过早，植株含水量高、酸度高，饲料的品质较差；收获过晚，植株含水量低，饲料的品质也会降低。因此，适时收割能获得较高产量和营养价值。

青贮玉米在乳熟中期生物产量最高，而随着籽粒灌浆和成熟度的提高，全株鲜重和蛋白质含量有所下降，但乳熟后期至蜡熟前期（四分之一乳线）全株干物质和蛋白质总量较高，且含水量适宜青贮，贮藏后中性洗涤纤维（NDF）和酸性洗涤纤维（ADF）的含量最低，此时消化率最高。

### （二）收割方法

**1. 机械收割**

采用联合收割机在田间直接收割并粉碎（图 3-84）。

图 3-84　青贮玉米机械收获

**2. 留茬高度**

留茬过低会夹带泥土，泥土中含有大量的梭菌属等腐败菌，易造成青贮腐败；留茬过高会影响生物产量，减少经济效益。一般合理的留茬高度控制在 15～20 厘米。如果全株青贮玉米是喂给奶牛的，割茬高度要适当高一些，留茬 45～48 厘米，有利于提高全株玉米青贮的营养价值，提高饲料效率和奶牛产奶量。

**3. 切割长度**

全株青贮合适的切割长度为 1～3 厘米，且 90% 以上的切段应破成四瓣以上。籽粒破碎装置的滚轮空隙设置为 2 毫米，使其充分打破玉米籽粒，提高青贮饲料的淀粉消化率。

## （三）科学贮藏

青贮玉米收割后可以根据需求进行处理。临时用料或者临时销售的可以临时装袋贮存（图 3-85）；需要长期存放的可以采用机械进行打包贮存（图 3-86）；或者就近装填青贮窖（图 3-87）。

图 3-85　粉碎后临时装袋

图 3-86　粉碎后打包长期存放

图 3-87　青贮玉米粉碎后装填窖池

# 第十五节　秋整地

## 一、秸秆深翻还田

### （一）技术原理

秸秆还田是把不作饲料的玉米秸秆直接粉碎抛撒均匀后深翻到耕地里或堆积腐熟后施入耕地中的一种地力提升方法。农业生产的过程也是一个能量转换的过程，秸秆中含有大量的有机物，在归还于农田之后，经过一段时间的腐解作用，就可以转化成有机质和速效养分。既能改善土壤理化性状，也可供应一定的养分。玉米秸秆还田，不但可以培肥地力，还杜绝了秸秆焚烧所造成的大气污染，改善了土壤团粒结构，使土壤疏松，孔隙度增加，容重减轻，促进微生物活力和作物根系的发育。

### （二）技术要求

#### 1. 秸秆粉碎

一般玉米收获机作业时会将秸秆粉碎抛撒于地表，若秸秆长度超过 5 厘米，则需粉碎机作业进行二次粉碎（图 3-88）。秸秆深翻还田要求秸秆粉碎长度不超过 5 厘米，使其均匀覆盖地表。

图 3-88　玉米秸秆二次粉碎

## 2. 撒施氮肥

由于玉米秸秆本身碳氮比较高，因此需要施入少量氮肥调节碳氮比，从而促进微生物活动，加速秸秆腐烂。一般在秸秆粉碎后，每亩撒施尿素 5～10 公斤（图 3-89）。

图 3-89　撒施氮肥

## 3. 深翻整地

采用翻转犁等深翻机械进行作业，翻耕深度 25～35 厘米（图 3-90），将粉碎的玉米秸秆翻入土层，减少地表秸秆量，加快秸秆腐烂。秸秆还田后，要适时旋耕耙耢，避免跑墒、结块。也可采用联合深翻整地机械进行联合深翻整地作业（图 3-91）。

图 3-90　机械深翻

图 3-91　联合深翻整地

## 4. 病虫防控

病虫害发生严重的地块应将秸秆集中处理或高温堆腐后再还田。

## 二、深　松

### （一）技术原理

深松是疏松土层而不翻动土层的一种土壤耕作方法。深松作用主要有：一是可以打破犁底层，增加耕层厚度，能改善耕层土壤结构，使土壤疏松通气，提高耕地质量；二是可以增强土壤蓄水能力，促进农作物根系下扎，提高作物抗旱、抗倒伏能力；三是可使残茬、秸秆、杂草等仍覆盖于地表，既有利于保墒，减少土壤的风蚀，又可以吸纳更多的水分，削弱径流强度，缓解地表径流对土壤的冲刷，减少水土流失，能有效地保护耕层土壤。因此，在风蚀严重的地块，可以选择深松。

### （二）技术要求

深松作业深度在30～35厘米，深松钩间距40～50厘米（图3-92、图3-93）。根据耕层情况，可每2年或3年深松1次，也可连年深松。连年深松的地块要实行错位深松，深松作业可在玉米收获后进行，也可在翌年春整地时进行。

图3-92　深松作业1

图3-93　深松作业2

# 第四章 ●●●

# 玉米绿色高效节水集成技术常见问题

## 第一节　原有低压管灌改建浅埋滴灌需要注意的问题

**1. 机电井与潜水泵型如何配套？**

通辽原有管灌地区机电井的主管道和潜水泵已不能够满足浅埋滴灌的需要，需要更换潜水泵，如200QJ50-36、200QJ50-39、200QJ80-44等型号，同时还要考虑变压器是否需要增容等问题。

**2. 一定要进行管道压力检测吗？怎样检测？**

低压管灌改浅埋滴灌一定要对原有管道进行压力检测，承压需达到0.4兆帕，具体办法是关闭单井控制的所有出水栓，出水压力达到0.4兆帕时打开最末端出水栓，如果出水栓正常出水，说明原有管道压力满足要求。

## 第二节　浅埋滴灌管网铺设连接过程常见的问题

**1. 浅埋滴灌系统主要包括什么？**

（1）水源井：以机电井为主，出水量每小时20立方米以上均可作为浅埋滴灌种植方式的水源井。

（2）水泵：大部分为潜水泵。

（3）管道：与水泵连接的出水主管道直径一般为75毫米，目前，过滤器进水口一般直径是110毫米，出水口90毫米，主管道与过滤器连接需要75毫米变径为110毫米，滴灌支管直径为63毫米，过滤器出水口与滴灌支管连接需要90毫米变径为63毫米。

（4）施肥罐：一般选择容积为50～150升的施肥罐，可根据农户种植面积决定。

（5）过滤器：根据井控面积和水质而定，一般选择筛网式过滤器，分为φ80、φ100、φ160等不同型号。井控面积大或水中杂质及泥沙过多，相应选择型号较大的。

**2. 滴灌带埋深多少适宜?**

2～4 厘米。如滴灌带埋土过深，上水压力增大，影响灌溉效率。另外沙土地如果滴灌带埋得过深，水分迅速下移，播种后种子周围水分不够，易出现种子芽干无法出苗现象。

**3. 铺设滴灌带是否分反正面?**

滴灌带有反正面，无论是贴片式还是迷宫式滴灌带，都必须将凹凸面朝上，否则易出现滴头堵塞。

**4. 浅埋滴灌主管和支管能供水多少米?**

一般通辽平原区主管道水能供水 800 米，支管道能供水 100 米。

**5. 浅埋滴灌两条支管间滴灌带不夹夹子可以吗?**

不行。因为浅埋滴灌每条支管最远供水 50～60 米，如果太远滴灌带内水压不够，所以应该把两支管间滴灌带从中间夹上夹子，或者剪断打死结。

**6. 不平整的地块怎样铺设管道?**

高低起伏的地块上水阻力大，应适当缩短支管铺设距离，一般 70～80 米铺设一条支管道，并尽量将管带铺在坡顶，以保证正常滴水。

**7. 播种及浇水时为什么随身携带直通（直接）?**

如遇管带破损断裂等情况，以便随时连接滴灌带断头，保障正常供水。

**8. 灌溉时间如何控制?**

灌溉时间的长短由井、潜水泵和灌溉面积的多少决定。如选择 200QJ50-39 或 200QJ50-52 的泵型，每个轮灌组控制面积 20～25 亩，每次灌溉时间为 10～15 小时。

**9. 滴灌带可以播种后铺吗?**

不建议。因为这样做既浪费人工又低效，增加不必要的成本。播种后及时滴出苗水是保障苗全苗齐的关键措施，若不能及时浇水，会一定程度影响出苗率和出苗整齐度。建议选择播种、施肥、铺带一体机械进行播种，一次性完成开沟、分层施肥、播种、覆土、滴灌带铺设、镇压等作业，省工、高效、保质保量。而对于种植面积较大的种植业合作社，要合理安排人手，可以播种、管带连接分区域同步进行，及时滴出苗水。

**10. 是否可以在中耕时铺设滴灌管带?**

不建议。一是在中耕时铺设滴灌带，大大降低了滴灌带的利用率；二是田间操作过程中也会损坏玉米苗；三是播种同时铺滴灌带不仅节省工时费，同时滴灌可以保证出全苗，利于苗齐、苗壮。

**11. 滴灌带可以用多久？**

滴灌带一般 1 年一换，支管可以回收再利用，一般可以使用 3 年，建议秋收时妥善保存支管及各连接部件，避免资源浪费。

## 第三节　其他生产中常见的问题

**1. 为什么采用宽窄行（大小垄）种植方式？**

宽窄行种植也称作大小垄。一是宽窄行种植可增加通风透光，有效提高群体密度；二是窄行玉米根系离滴灌带更近，可缩短浇水时间，节约用水，提高灌溉水利用率，减少滴灌带铺设成本。

**2. 采用宽窄行种植后可以机械收获吗？**

可以。机械收获时注意应选择适合机型。如新疆牧神、7 行割台的、普通收割机割台间距 55 厘米左右的也能收获。

**3. 玉米品种应如何选择？**

应选择高产、优质、耐密，多抗（抗病、抗倒伏能力强），生育期适宜当地气候条件的通过审认定或备案的品种。

**4. 底肥施用量多少为宜？施用哪些肥料？**

建议底肥以磷钾肥为主，根据测土结果或通辽地区施肥建议，一次性施足磷钾肥。一般每亩施用 10～15 公斤磷酸二铵和 4～7 公斤硫酸钾或同等养分含量的复合肥。

**5. 一般追肥几次？**

应用水肥一体化技术应分多次追肥，追肥以氮肥为主，配施钾肥和微肥。建议分 5～8 次追肥，可在拔节期、大喇叭口期、抽雄前期、吐丝期、灌浆期按照 2∶4∶1∶2∶1 的比例追施；或是在进入拔节期后，每隔 10 天追肥一次。

**6. 追肥时应注意什么？**

先滴清水 30 分钟左右，排查是否有跑冒滴漏。提前根据轮灌组面积和每亩追肥量计算好溶肥灌用肥总量，施肥后继续滴灌清水 30 分钟，冲洗管带，以免肥料结晶堵塞滴头，并且要定期清洗滤网和排沙灌。

**7. 一般灌溉量多少合适？**

根据当地降雨情况和土壤墒情，因地制宜确定灌溉量。一般每亩每次滴灌20～30立方米水即可，因此要根据水泵出水量和轮灌组面积确定灌溉时长。通常来说当地表水印超过小垄两侧15厘米即可停止灌溉。

**8. 生育期内应该灌溉几次？**

灌溉次数要根据降雨情况、追肥方案和土壤类型确定，一般保水保肥好的地块玉米生育期内要滴灌6～8次，保水保肥差的沙土地适当增加灌溉次数，一般8～10次。当降雨频繁、土壤湿度大时，追肥应减少灌水量，能够完全溶解肥料即可。

**9. 地块杂草多怎么办？**

若杂草基数大，可在苗前和苗后进行两次除草，苗后除草一定注意苗龄，建议在玉米3～5片展开叶期间喷施苗后除草剂。无论苗前苗后除草，切记严格按照除草剂说明书用量用法施用，不可随意增加浓度，以免造成药害。

**10. 如何确定收获时间？**

建议在玉米达到生理成熟后再站秆脱水7～10天，水分降至25%以下，进行籽粒直收。

**11. 如何判断玉米达到生理成熟？**

当玉米籽粒乳线消失、黑层出现，即标志玉米达到生理成熟。一般低温干旱会导致黑层提早出现，影响籽粒干物质积累，因此建议在灌浆后期也要保持土壤湿润。

# 附　录

# 附录 1　通辽地区玉米节水绿色高效生产技术模式一

（资料来源：作者单位的工作材料）

适用地块：土壤肥力差，但有井灌条件的地块。

目标产量：750 公斤 / 亩。

关键技术：

**1. 精细整地**

深翻或深松 30 厘米以上，打破犁底层，减少耕层障碍；有条件地块增施有机肥。深翻、旋耕、耙耢等机械作业环节紧密结合，避免跑墒，达到地面平整、土碎无坷垃、无秸秆根茬的待播状态。

**2. 品种选择**

选择通过国家或内蒙古自治区审认定或引种备案的优质高产耐密高抗宜机收品种。

**3. 适时播种**

5～10 厘米耕层土壤温度稳定在 10℃以上即可播种，一般 5 月初为宜。

**4. 种植模式**

选择无膜浅埋滴灌种植模式，即宽行 80 厘米，窄行 40 厘米，窄行间铺设滴灌带，管带浅埋于土壤 2～4 厘米。株距根据行距和播种密度计算。

**5. 种植密度**

播种密度按照 5 000 粒 / 亩计算，出苗率九成，则亩保苗 4 500 株左右。

**6. 种肥用量**

磷酸二铵 11.5 公斤 / 亩、硫酸钾 5 公斤 / 亩，或同等养分含量复合肥；建议有条件的地区进行测土配方施肥。

**7. 管带连接**

播种后及时连接地上管网系统，及时滴出苗水，确保苗全苗齐苗壮。合理设计轮灌组布局，一般每个轮灌组 15～20 亩。

**8. 化学除草**

滴出苗水后，趁土壤湿润及时苗前封闭；出苗后 3～5 叶期喷施苗后除草剂。除草剂使用前充分摇匀，并严格按照说明书用法用量喷施。

**9. 适时中耕**

苗期中耕深度 10 厘米左右，拔节期中耕深度 15～20 厘米。根据行间距合理调试机具，避免伤根。

**10. 科学灌溉**

根据降雨及墒情，及时补灌。一般苗期不浇水或少浇水，蹲苗促进根系发育；拔节后滴灌 5～8 次，每亩每次滴灌 20～30 立方米即可。滴灌时排查管带跑冒滴漏，及时处理。

**11. 科学追肥**

每亩追施尿素 30 公斤，或同等氮含量水溶肥。在拔节期、大喇叭口期、抽雄期、吐丝期、灌浆期，按照 2∶4∶1∶2∶1 的比例追施。追肥时先滴清水 30 分钟，冲完肥料后再滴清水 30 分钟，以免肥料结晶堵塞管带滴头。

**12. 绿色植保**

根据病虫害发生情况，及时采取防控措施，注意统防统治，尽量选择生物防治手段，减少化学药剂使用。重点关注玉米螟等重要害虫的防控，可以采用白僵菌封垛、田间释放赤眼蜂、黑光灯诱杀等生物防治和物理防治措施。大喇叭口期若花叶率超过 20%，或 100 株玉米累计有虫卵 30 块以上，需连防 2 次。可以在大喇叭口期采用喷施 20% 氯虫苯甲酰胺悬浮剂 10 毫升，兑水 30～40 公斤植保机械喷雾或四轮带动长干喷雾机喷施，可选用 3.6% 杀虫双颗粒剂，每亩用 1 公斤点施心叶。穗期虫穗率达 10% 或百穗花丝有虫 50 头时，要立即防治。

**13. 机械收获**

当玉米籽粒乳线消失、黑层出现，即达到生理成熟。成熟后根据天气适当晚收，使其站秆脱水，从而降低机收破损率。籽粒水分在 30% 左右时采用机械穗收，籽粒水分在 25% 以下，可采用机械粒收。

**14. 秋整地**

结合机械收获粉碎秸秆，秸秆粉碎后长度不宜超过 5 厘米，每亩撒施 10 公斤尿素，深翻 30 厘米以上并及时耙耢。

# 附录 2　通辽地区玉米节水绿色高效生产技术模式二

（资料来源：作者单位的工作材料）

适用地块：土壤肥力中等，有井灌条件的地块。

目标产量：850 公斤 / 亩。

关键技术：

**1. 精细整地**

深翻或深松 30 厘米以上，打破犁底层，减少耕层障碍；有条件地块增施有机肥。深翻、旋耕、耙耢等机械作业环节紧密结合，避免跑墒，达到地面平整、土碎无坷垃、无秸秆根茬、上虚下实的待播状态。

**2. 品种选择**

选择通过国家或内蒙古自治区审认定或引种备案的优质高产耐密高抗宜机收品种。

**3. 适时播种**

5～10 厘米耕层土壤温度稳定在 10℃以上即可播种，一般 5 月初为宜。

**4. 种植模式**

选择无膜浅埋滴灌种植模式，即宽行 80 厘米，窄行 40 厘米，窄行间铺设滴灌带，管带浅埋于土壤 2～4 厘米。株距根据行距和播种密度计算。

**5. 种植密度**

播种密度按照 5 500 粒 / 亩计算，出苗率九成，则亩保苗 5 000 株左右。

**6. 种肥用量**

磷酸二铵 13 公斤 / 亩、硫酸钾 6 公斤 / 亩，或同等养分含量复合肥；建议有条件的地区进行测土配方施肥。

**7. 管带连接**

播种后及时连接地上管网系统，及时滴出苗水，确保苗全苗齐苗壮。科学设计轮灌组面积，合理布局，一般每个轮灌组 15～20 亩。

### 8. 化学除草

滴出苗水后，趁土壤湿润及时苗前封闭；出苗后 3～5 叶期喷施苗后除草剂。除草剂使用前充分摇匀，并严格按照说明书用法用量喷施。

### 9. 适时中耕

至少中耕两次，分别在苗期和拔节期。苗期中耕深度 10 厘米左右，拔节期中耕深度 15～20 厘米。根据行间距合理调试机具，避免伤根。

### 10. 科学灌溉

根据降雨及墒情，及时补灌。一般苗期不浇水或少浇水，蹲苗促进根系发育；拔节后滴灌 5～8 次，每亩每次滴灌 25～30 立方米即可。滴灌时排查管带跑冒滴漏，及时处理。

### 11. 科学追肥

每亩追施尿素 33 公斤，或同等氮含量水溶肥。在拔节期、大喇叭口期、抽雄期、吐丝期和灌浆期，按照 2∶4∶1∶2∶1 的比例追施。追肥时先滴清水 30 分钟，冲完肥料后再滴清水 30 分钟，以免肥料结晶堵塞管带滴头。

### 12. 绿色植保

采取“以预防为主、综合防治”的方针，根据病虫害发生情况，及时采取综合防控措施，注意统防统治，以农业防治、生物防治和物理防治等环保绿色植保措施为基础，以化学防治为关键，减少化学药剂使用。重点关注玉米螟等重要害虫的防控，可以采用白僵菌封垛、田间释放赤眼蜂、黑光灯诱杀等生物防治和物理防治措施。大喇叭口期若花叶率超过 20%，或 100 株玉米累计有虫卵 30 块以上，需连防 2 次。可以在大喇叭口期采用喷施 20% 氯虫苯甲酰胺悬浮剂 10 毫升，兑水 30～40 公斤植保机械喷雾或四轮带动长干喷雾机喷施，可选用 3.6% 杀虫双颗粒剂，每亩用 1 公斤点施心叶。穗期虫穗率达 10% 或百穗花丝有虫 50 头时，要立即防治。

### 13. 机械收获

当玉米籽粒乳线消失、黑层出现，即达到生理成熟。成熟后根据天气情况适当晚收，使其站秆脱水，从而降低机收破损率。籽粒水分在 30% 左右时采用机械穗收，籽粒水分在 25% 以下，可采用机械粒收。

### 14. 秋整地

结合机械收获粉碎秸秆，秸秆粉碎后长度不宜超过 5 厘米，每亩撒施 10 公斤尿素，深翻 30 厘米以上，及时耙耢。

# 附录 3　通辽地区玉米节水绿色高效生产技术模式三

（资料来源：作者单位的工作材料）

适用地块：土壤肥力较好，有井灌条件的地块。

目标产量：1 000 公斤 / 亩。

关键技术：

**1. 精细整地**

深翻或深松 30 厘米以上，打破犁底层，减少耕层障碍；有条件地块增施有机肥。深耕、旋、耙、耢等机械作业环节紧密结合，避免跑墒，达到地面平整、土碎无坷垃、无秸秆根茬、上虚下实的待播状态。

**2. 品种选择**

选择通过国家或内蒙古自治区审认定或引种备案的优质高产耐密高抗宜机收品种。

**3. 适时播种**

5～10 厘米耕层土壤温度稳定在 10℃以上即可播种，一般 5 月初为宜。

**4. 种植模式**

选择无膜浅埋滴灌种植模式，即大小垄 40～80 厘米，小垄行间铺设滴灌带，管带浅埋于土壤 2～4 厘米。

**5. 种植密度**

播种密度按照 6 200 粒 / 亩计算，出苗率九成，则亩保苗 5 500 株左右。

**6. 种肥用量**

磷酸二铵 15 公斤 / 亩、硫酸钾 7 公斤 / 亩、尿素 3 公斤 / 亩，或同等养分含量复合肥；建议有条件的地区进行测土配方施肥。

**7. 管带连接**

播种后及时连接地上管网系统，及时滴出苗水，确保苗全苗齐苗壮。科学设计轮灌组面积，合理布局，一般每个轮灌组 15～20 亩。

**8. 化学除草**

滴出苗水后，趁土壤湿润及时苗前封闭；出苗后3～5叶期喷施苗后除草剂。除草剂使用前充分摇匀，并严格按照说明书用法用量喷施。

**9. 适时中耕**

苗期中耕深度10厘米左右，拔节期中耕深度15～20厘米。根据行间距合理调试机具，避免伤根。

**10. 适时控旺**

在拔节初期，即6～8展开叶期进行化学控旺，严格按照控旺剂说明书用法用量喷施，并且避免重喷。

**11. 科学灌溉**

根据降雨及墒情，及时补灌。一般苗期不浇水或少浇水，蹲苗促进根系发育；拔节后滴灌5～8次，每亩每次滴灌25～30立方米即可。滴灌时排查管带跑冒滴漏，及时处理。

**12. 科学追肥**

每亩追施尿素35公斤，或同等氮含量水溶肥。在拔节期、大喇叭口期、抽雄期、吐丝期和灌浆期，按照2∶4∶1∶2∶1的比例追施；或从拔节开始每隔10天追肥一次，氮肥可等份追施，钾肥及微肥根据生长情况适当追施。追肥时先滴清水30分钟，冲完肥料后再滴清水30分钟，以免肥料结晶堵塞管带滴头。

**13. 绿色植保**

采取“以预防为主、综合防治”的方针，根据病虫害发生情况，及时采取综合防控措施，注意统防统治，以农业防治、生物防治和物理防治等环保绿色植保措施为基础，以化学防治为关键，减少化学药剂使用。

重点关注玉米螟等重要害虫的防控，可以采用白僵菌封垛、田间释放赤眼蜂、黑光灯诱杀等生物防治和物理防治措施。大喇叭口期若花叶率超过20%，或100株玉米累计有虫卵30块以上，需连防2次。可以在大喇叭口期采用喷施20%氯虫苯甲酰胺悬浮剂10毫升，兑水30～40公斤植保机械喷雾或四轮带动长干喷雾机喷施，可选用3.6%杀虫双颗粒剂，每亩用1公斤点施心叶。穗期虫穗率达10%或百穗花丝有虫50头时，要立即防治。

**14. 机械收获**

当玉米籽粒乳线消失、黑层出现，即达到生理成熟。成熟后根据天气适当晚收，使其站秆脱水，从而降低机收破损率。籽粒水分在30%左右时采用机械穗收，籽粒水分在25%以下，可采用机械粒收。

**15. 秋整地**

结合机械收获粉碎秸秆，秸秆粉碎后长度不宜超过5厘米，每亩撒施12公斤尿素，深翻30厘米以上，及时耙耢。

# 附录 4 玉米籽粒收获机作业技术规范

（资料来源：内蒙古自治区地方标准 DB15/T 2499—2022）

## 1 范围

本文件规定了玉米籽粒收获机的作业基本要求、作业技术规程、安全作业注意事项以及保养与存放。

本文件适用于自走式玉米籽粒收获机（以下简称“收获机”）。

## 2 规范性引用文件

下列文件中的内容通过文中的规范性引用而构成本文件必不可少的条款。其中，注日期的引用文件，仅该日期对应的版本适用于本文件；不注日期的引用文件，其最新版本（包括所有的修改单）适用于本文件。

GB/T 6979.1 收获机械 联合收割机及功能部件 第 1 部分：词汇

GB/T 6979.2 收获机械 联合收割机及功能部件 第 2 部分：在词中定义的性能和特征评价

GB/T 21962—2020 玉米收获机械

## 3 术语和定义

GB/T 6979.1、GB/T 6979.2、GB/T 21962 界定的术语和定义适用于本文件。

## 4 作业基本要求

4.1 作业人员

4.1.1 操作人员应经过专业培训，掌握收获机使用说明书上的安全要求和技术要求。

4.1.2 操作人员与辅助人员应穿紧身工作服，系好衣带纽扣。

4.1.3 操作人员不应在酒后或身体过度疲劳状态下作业。

4.2 作业机具

4.2.1 收获机应按规定办理注册登记，并取得相应的证书和牌照。

4.2.2 收获机安全要求和技术要求应符合 GB/T 21962 中的规定。

4.3　田间条件

4.3.1　地势平坦，土壤含水率以收获机及运输车轮胎不下陷为宜。

4.3.2　对作业地块内的电杆拉线、树桩、水沟等不明显障碍物，应做出警示标记。

4.3.3　玉米进入完熟期，籽粒含水率为15%～25%、植株倒伏率低于5%、果穗下垂率低于15%、最低结穗高度大于35厘米。

4.3.4　应留有收获机及运输车进地和转弯的通道，必要时进行人工开道、清理地头。

4.4　作业准备

4.4.1　调查掌握玉米品种、种植行距、植株密度、产量水平、倒伏情况。

4.4.2　按照收获机使用说明书要求准备附件、备件及易损件。

4.4.3　收获作业开始前，应将粮箱内的物品清理干净。

4.4.4　收获机调试完毕后进行空载试运转，各运动件应灵活可靠，紧固件无松动，整机工作状态应良好。

## 5　作业技术规程

5.1　试作业

5.1.1　对割台、输送机构、脱粒机构、清选机构等进行调整。

5.1.2　启动前，变速操纵杆应置于空挡，主离合器、卸粮离合器操纵手柄应置于分离位置。

5.1.3　启动发动机，待转速提高到额定转速后方可作业。

5.1.4　作业状态稳定后检测作业性能指标，测定区长度应不少于20米，测定区前应有不少于20米的稳定区，测定区后应有不少于10米的停车区。根据测定结果检查籽粒总损失率、籽粒含杂率、籽粒破碎率等性能指标是否符合作业质量要求，符合要求方可投入正式作业，否则应进行重新调整，直至符合作业质量要求方可进行正式作业。

5.2　作业

5.2.1　合理规划作业路线，宜避免横向收割。作业时应保持直线行驶，避免紧急转向；转弯时应停止收割和卸粮。

5.2.2　作业过程中，发动机应保持在额定转速，掉头转弯及卸粮时不应降低发动机转速。

5.2.3　作业开始时先用低速作业，然后逐渐增加至正常作业速度。作业过程中，宜根据喂入量大小和地表起伏情况适当增减作业速度。

5.2.4 安装割台时应注意整机重心的改变，必要时增减配重。通过田埂或地头时，应升起割台。

5.2.5 作业过程中，应经常检查脱粒装置秸秆堵塞情况。

5.2.6 需卸粮时应一次完成；可采取收获机和运输车平行前进的方式卸粮。

5.2.7 作业过程中，观察仪表和信号装置，注意水温、油温和油压是否正常，出现不正常现象应停机检查。驻车卸粮时，观察散热器、排气管、发动机及旋转部件，必要时应对上述部件进行清理。

5.3 作业质量

在 GB/T 21962—2020 中 6.1 规定的作业条件下，作业质量应达到表 1 的规定。

**表 1 作业质量指标**

| 项目 | 指标 |
| --- | --- |
| 总损失率，% | ≤4.0 |
| 籽粒破碎率，% | ≤5.0 |
| 籽粒含杂率，% | ≤2.5 |

## 6 安全作业注意事项

6.1 收获机起步、接合动力、转弯、倒车前，应鸣喇叭，观察附近状况，提前警示辅助人员和非工作人员撤离到非作业区域。

6.2 调整、保养、维修、清理杂草秸秆堵塞和缠绕等操作，应在关闭发动机、零部件停止运转后进行。

6.3 检修拉茎辊、拨禾链、链条、链轮等运动部位的故障时，非检修人员不应转动传动机构。

6.4 排除割台故障时，应将割台可靠支撑。收获机停放时，割台应处于最低位置。

6.5 在进入粮箱清理残留粮食前应关闭发动机，取出钥匙。

6.6 停止作业时，应将变速操作杆置于空挡，将主离合、卸粮离合、过桥离合置于分离，断开电源总开关，并驻车稳定。

6.7 收获机应配置灭火器，灭火器使用方法和放置位置应符合收获机使用说明书的规定。

## 7　保养与存放

7.1　作业季节前应依据收获机使用说明书进行试运转，检查行走、转向、割台、输送、脱粒、清选、卸粮等机构的运转、传动、间隙等情况。班次作业前，应清洗收获机散热器和空气滤清器，清理机器上的碎秸秆和附着物；检查转向机构和刹车机构的可靠性；检查过桥链耙张紧程度；检查各部位皮带和链条的张紧度；检查滚筒入口处密封板和各孔盖及筛箱部分各密封板的密封状况。

7.2　发动机的班保养应按柴油机使用说明书进行。

7.3　按照收获机使用说明书中的润滑部位、润滑周期和油品种类进行润滑。

7.4　作业季节结束，应全面清理收获机，存放在通风、干燥的库房中。入库时，应卸下或放松所有皮带；滚轮、轴承等零件应注入润滑脂，链条、链轮、割刀等零件应涂上防锈油。

# 附录 5　玉米机械收粒减损技术规程

（资料来源：内蒙古自治区地方标准 DB15/T 1975—2020）

## 1　范围

本标准规定了玉米机械收粒减损技术中的术语和定义、品种选择、机型选择、优化参数、前进速度、收获质量等技术的流程和要求。

本标准适用于内蒙古玉米主产区。

## 2　规范性引用文件

下列文件对于本文件的应用是必不可少的。凡是注日期的引用文件，仅所注日期的版本适用于本文件。凡是不注日期的引用文件，其最新版本（包括所有的修改单）适用于本文件。

GB/T 21962 玉米机械收获 技术条件

NY/T 1355 玉米收获机 作业质量

## 3　术语和定义

下列术语和定义适用于本文件。

3.1　粒收减损　reduce loss of maize grain harvest

通过选用粒收品种、监测籽粒水分、选择适宜机型、优化作业参数等，实现玉米机械收粒损失率降低 10% 以上。

## 4　品种选择

4.1　成熟早

选择国家、内蒙古自治区审定或引种备案，适宜当地种植，活动积温比当地主栽品种少 100～150℃的宜籽粒直收玉米品种。

4.2　耐密植

适宜种植密度大于等于 5 000 株 / 亩，品种相邻植株叶片交叉遮挡率小于 10%。

4.3　抗倒伏

生理成熟 15 天后，倒伏倒折率之和小于等于 5%。

4.4　穗位齐

穗位整齐一致，高度在 80～120 厘米。

4.5　抗粒腐

收获期粒腐率小于等于 2%。

4.6　脱水快

苞叶少而松散，至日平均气温 6℃以下时，籽粒水分应低于 25%。

## 5　机型选择

推荐采用约翰迪尔 R230、S660、凯斯 6130、克拉斯 570/560 等机型，机械应符合 GB/T 21962 的规定。

## 6　优化参数

6.1　割台间距

割台间距应与种植行距相匹配，相错不能超过 5 厘米，分禾器偏离玉米行低于 10 厘米；宽窄行种植的玉米需要选用宽窄行玉米专用割台。

6.2　割台高度

割台底部距离地面一般不高于 20 厘米。玉米穗位高度在 80～120 厘米，割台高度 30～70 厘米；随着穗位的增高，适当升高割台，保证割台与穗位高度差不超过 50 厘米。

6.3　滚筒转速

籽粒含水量在 20%～25% 时，适宜的滚筒转速是 400 转 / 分，籽粒含水量低于 20% 或高于 25% 时，滚筒转速应适当降低。

6.4　凹板与滚筒间隙

凹板与滚筒的前间隙应该小于玉米果穗直径 10 毫米，后间隙应该等于果穗穗轴直径。

6.5　振动筛调整

清粮振动筛下筛角度 15°～17°，上筛角度 20°～23°。

## 7　作业前进速度

收获机作业前进速度主要根据籽粒含水量进行相应调整。

a）籽粒含水量在 16%～18%，收获速度 5～6 千米 / 小时；

b）籽粒含水量在 18%～23%，收获速度 7～8 千米 / 小时；

c）籽粒含水量在 23%～27%，收获速度 4～5 千米 / 小时。

玉米种植密度偏大、穗位偏高、倒伏倒折偏重时应适当降低前进速度。

## 8 收获质量

田间产量损失率小于等于4.5%，籽粒破碎率小于等于2.8%，其他指标符合NY/T 1355的规定。

# 附录 6　玉米脱粒前果穗晾晒技术规程

（资料来源：内蒙古自治区地方标准 DB 1505/T 020—2014）

## 1　范围

本规程定义了玉米脱粒前果穗晾晒的要求。

本规程适用于通辽地区收购、储存、运输、加工和销售的商品玉米。

## 2　术语和定义

下列术语和定义适用本规程。

2.1　不完善粒

受到损伤但尚有使用价值的玉米颗粒。包括虫蚀粒、病斑粒、破碎粒、生芽粒、热损伤粒。

2.2　病斑粒

粒面带有病斑、伤及胚或胚乳的颗粒。

2.3　生霉粒

表面生霉的颗粒。

2.4　杂质

除玉米粒以外的其他物质，包括无机杂质和有机杂质。

## 3　立秆晾晒

玉米成熟后，根据气候状况适时晚收，进行田间立秆晾晒脱水。

## 4　果穗贮藏前清选

贮藏前要将未完全成熟、鼠害和霉变果穗择出，玉米苞叶和秸秆等杂质异物剔除，以提高贮藏质量。

## 5　贮藏方式

果穗贮藏有风干仓贮和堆贮两种，优先推荐风干仓贮。

## 6　贮藏期管理

在干旱少雨雪的气候条件下，由于堆贮或仓贮中的果穗空隙大，通风好，穗轴和籽粒经过一个冬季会自然风干，籽粒水分降到 18% 以下，一般不需倒仓

（在多雨雪的气候条件下，一般需倒仓 1～3 次。第二年春季即可脱粒，再进行籽粒贮藏）。

## 7 果穗贮藏

### 7.1 晾晒

玉米果穗集中自然晾晒，在闲置的晒场，收获的玉米果穗按 10～30 厘米的厚度摊铺在自然晾晒场（注意防鼠），上部果穗通过太阳照射和空气流动蒸发水分，下部果穗通过较高的地温和疏松透气的地表吸附水分，可使鲜穗在自然条件下安全脱水干燥。

#### 7.1.1 晒场选择及设施建设

晒场选择交通便利，四周空阔，无树木、高大建筑物，通风良好，光照充足的非耕地区域建设，新建晾晒场只需将地面平整、夯实即可，面积可大可小，形状可方可圆，就地利用，不破坏植被，不污染环境。

#### 7.1.2 倒堆（倒粮、倒行）

在多雨雪的气候条件下，当年 12 月和翌年 1、2 月份分别进行玉米堆倒堆以便降水，并及时剔除发霉变质果穗。

### 7.2 风干仓贮

#### 7.2.1 钢质风干仓

仓高 1.5～3 米，长 2～3 米，宽 0.5～1.5 米，可多仓组合的立体式钢网结构。

#### 7.2.2 木质风干仓

用木杆、干燥的作物茎秆、废旧编织袋以及席茓等物质将仓底垫起离地 0.2～0.5 米高，再将木质风干仓建在上面，仓高 2～3 米，宽 0.5～1.5 米，长度依情况而定。

#### 7.2.3 风干仓类型

##### 7.2.3.1 圆形贮粮仓

仓体的设置应本着经济适用、因地制宜、就地取材、制造简单、使用方便的原则。该仓解决了玉米穗在较长期储存过程中防鼠、防霉变和通风降水等问题，防鼠性能良好，通风降水效果明显，既经济、实用，又能保证粮食安全。在相同周长、材料条件下，圆形仓装粮量最大，可充分利用空间。

##### 7.2.3.2 长方形贮粮仓

长方形仓防鼠性能良好，通风降水效果明显，既经济实用，又能保证粮食安全。

7.2.3.3　机械通风仓

机械通风仓，除具有防鼠防霉等功能以外，还具有强制降水的功能。